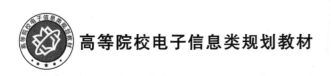 高等院校电子信息类规划教材

U0149745

# Modbus 总线技术与应用系统

主　编　方虎生
副主编　张海涛　芮　挺　杨成松
　　　　何宇宸　罗吉庆　朱经纬
　　　　张详坡　周建钊　刘　晴

北京邮电大学出版社
www.buptpress.com

# 内 容 简 介

本书从工程实际应用出发,紧密围绕系统设计与开发需求,系统地介绍了 Modbus 总线技术、51 内核微控制器、硬件设计、嵌入式软件设计、VB 应用软件设计等应用技术。

Modbus 涉及的知识点多、内容广,本书以案例带动知识点开展学习,注重培养读者的理论基础、设计基础和解决实际问题的能力。

本书总结了作者团队在科学研究、装备研发、系统集成领域的最新成果。本书的内容选择合理、结构清楚、图文并茂、面向实际应用。本书适合作为本科生的教学用书,也可作为研究生、工程人员的培训教材或相关科研人员的参考书。

**图书在版编目(CIP)数据**

Modbus 总线技术与应用系统 / 方虎生主编. -- 北京:北京邮电大学出版社,2023. 10
ISBN 978-7-5635-6994-6

Ⅰ. ①M… Ⅱ. ①方… Ⅲ. ①工业自动控制-通信协议 Ⅳ. ①TP273 ②TN915. 04

中国国家版本馆 CIP 数据核字(2023)第 147692 号

策划编辑:姚 顺 刘纳新 责任编辑:满志文 责任校对:张会良 封面设计:七星博纳

**出版发行**:北京邮电大学出版社
**社 址**:北京市海淀区西土城路 10 号
**邮政编码**:100876
**发 行 部**:电话:010-62282185 传真:010-62283578
**E-mail**:publish@bupt. edu. cn
**经 销**:各地新华书店
**印 刷**:北京虎彩文化传播有限公司
**开 本**:787 mm×1 092 mm 1/16
**印 张**:9
**字 数**:155 千字
**版 次**:2023 年 10 月第 1 版
**印 次**:2023 年 10 月第 1 次印刷

ISBN 978-7-5635-6994-6 定价:39.00 元

· 如有印装质量问题,请与北京邮电大学出版社发行部联系 ·

随着微处理器技术、通信技术、网络技术及自动控制技术的不断发展，现场总线技术在各领域的应用越来越广泛，Modbus 已经成为通信协议的业界标准，是控制设备之间常用的互联方式。Modbus 总线与其他总线一样，具有标准、开放的特点，同时可以支持多种电气接口，如 RS-232、RS-485 等，可以在各种介质上传送，如双绞线、光纤、无线等。Modbus 总线协议的帧格式简明、易用，工程设计人员能够快速构建应用系统。

本书围绕总线技术及其应用，在介绍 Modbus 技术规范的基础上，拓展工程技术应用，涵盖了现场总线技术、微控制器技术、电子技术、VB 程序设计技术等。微控制器是总线工程应用的程序运行载体，8051 内核的微控制器广泛应用在控制领域，众多厂家基于该内核生产了种类繁多、功能丰富的 IC 器件。8051 内核的微控制器的开发工具便捷，易于工程师设计、编程和应用。面向 Modbus 嵌入式应用需求，工程师通常需要根据实际设备的空间、布局、接口的特点，开展个性化的软硬件设计，硬件设计主要包括模拟电路、数字电路，在微控制器芯片具体型号确定后，依据数据手册开展硬件设计：首先需要确定微控制器引脚的功能和物理信号接入；其次选择合适的外围器件；再次开展原理图和 PCB 图的设计；最后制版焊接与测试。微控制器软件设计，通常使用 Keil 系列开发工具，8051 内核相对简单，各功能模块定义清晰，工程师在熟悉具体芯片结构配置特点基础上，就可以开展底层驱动和应用层程序设计，开发出适合特定应用的程序并测试评估。VB 开发工具是高效率的开发工具，功能强大，使用 Windows 内部的广泛应用程序接口（API）函数，使用动态链接库（DLL）、对象的链接与嵌入（OLE）、开放式数据连接（ODBC）等技术，可以快速开发功能丰富、界面美观的应用系统，这使得硬件工程师、嵌入式软件工程师，能够快速利用 VB 构建上位机的应用系统或者测试系统，高效完成系统评估与验证。

本书主要内容包括：第 1 章 Modbus 总线协议，主要介绍 Modbus 的协议规范和传输标准；第 2 章 AT 89S51 微控制器，主要介绍 51 内核的基本结构，功能特点和开发方法；第 3 章面向 Modbus 应用的硬件设计，从器件选型、性能参数、原理图设计，阐述硬件设计的过程；第 4 章面向 Modbus 应用的控制器软件设计，以典型控制器设计为例，利用 Keil 开发工具，根据协议规范，开展软件设计；第 5 章基于 VB 的串口通信设计，利用串行通信控件，设计串行通信程序；第 6 章上位机 Modbus 应用软件设计，围绕应用需求，设计软件功能，基于 VB 设计应用系统软件。

　　本书在编写时考虑到 Modbus 涉及的知识点多、内容广等特点，以案例带动知识点开展学习，注重培养读者解决实际问题的能力。内容选择合理、结构清楚、图文并茂、面向应用，适合作为本科生的教学用书，也可作为工程人员的培训教材或相关科研人员的参考书。

　　本书总结了团队在设备研发、系统集成领域的最新成果，同时在编写过程中参考了大量书籍、文献及手册资料，在此向各位相关作者表示诚挚的感谢。同时，由于编者水平有限，书中难免有不恰当之处，敬请读者批评指正。

编　者

# 目 录

# 第 1 章
# Modbus 总线协议

## 1.1 现场总线技术

现场总线技术是指把单个分散的控制设备变成网络节点,以现场总线为纽带,把它们连接成可以相互沟通信息、共同完成自控任务的网络系统与控制系统。现场总线技术的运用大大减少了系统连线的数量以及布线和连接的难度,完成了低层现场设备间以及与外界设备的信息交换,打破了信息孤岛。基于同一种总线技术的不同厂家生产的现场总线设备可以直接连接在相应的现场总线上,成为网络的一部分,极大地方便了测控系统在工程中的应用、维护与扩充。常用的现场总线主要包括基金会现场总线、LonWorks 现场总线、PROFIBUS 总线、CAN 总线、WorldFIP、DeviceNet、ControlNet、M-bus、Modbus、LIN 等。现场总线的应用已经从工业现场覆盖到机器人控制、过程自动化、武器装备、智能交通系统(ITS)等各领域。

## 1.2 Modbus 总线

Modbus 协议是应用于电子控制器上的一种通用语言,通过此协议,控制器互相之间、控制器经由网络(例如以太网)和其他设备之间可以通信。目前,它已经成为一项通用工业标准,按照 ISO/OSI 参考模型规范,Modbus 协议模型规定应用层协议和串行链路层协议,Modbus 协议模型如图 1-1 所示。

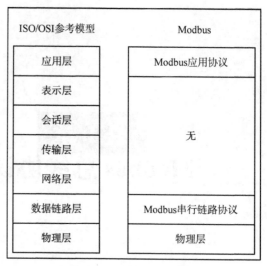

图 1-1　Modbus 协议模型

Modbus 通信采取主从方式通信，即由主设备发起查询消息指令，从设备接收并处理后，回应消息指令给主设备。Modbus 主从设备通信模式如图 1-2 所示。

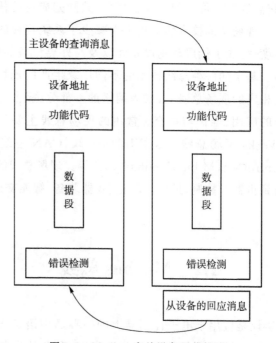

图 1-2　Modbus 主从设备通信模式

Modbus 是一款只定义了应用层和数据链路层协议的总线。由于其并未涉及物理层，所以 Modbus 网络理论上可以通过各种方式进行组网，比如 RS485、ZigBee、光纤等。此协议只是告诉每一个在总线上的设备该如何与其他设备进行通信。通常一个信息帧格包含以下信息，如表 1-1 所示。

表 1-1　Modbus 信息帧

| 起始位 | 设备地址 | 功能代码 | 数据 | 差错校验 | 结束符 |
| --- | --- | --- | --- | --- | --- |

Modbus 具有以下几个特点：

（1）免费而且标准。这是一款完全免费的总线协议，用户使用该总线不会受到任何的限制，这就方便了商业开发。

（2）支持多种电气接口。没有物理层的定义，也就方便了 Modbus 的组网，只要是能够构成网络，任何方式都可以使用 Modbus 总线。

（3）帧格式紧凑、简单。帧的格式非常简单，用户可以根据自己需要，设置功能代码，完成各种功能的设置。

# 1.3　RS485 接口

RS485 接口的出现主要是随着 20 世纪 80 年代单片机技术在智能仪表方面的快速发展而发展起来的。最初传感器的数据是以模拟信号输出的，后来发展出 RS232 接口，这种接口可以实现点对点的通信方式，但不能实现联网功能。随后出现的 RS485 解决了这个问题。现在 RS485 在工业中有着大量的应用，尤其配合 Modbus 协议，进行组网控制，更是工业控制中不可缺少的一部分。RS485 采用差分信号进行传输，只要差分信号端口的电压差超过 200 mV，芯片即可识别判断。正因这种传输方式，RS485 才能传输超过 1 km，并且可以较好地抑制传输中出现的共模干扰。在逻辑表示上，RS485 采用负逻辑，即用＋2 V～＋6 V 表示"0"，−6 V～−2 V 表示"1"。

RS485 有两线制和四线制两种接线。其中四线制是全双工通信方式，又称为 RS422 通信。需要注意的是，四线制接线方式只适合用作点对点传输。两线制是半双工通信方式，通常使用这种接线方式来构建 Modbus 网络，在同一总线上最多可以挂接 32 个节点。

RS485 网络拓扑支持终端电阻匹配的总线型结构，不支持环形或星形网络拓扑。在构建 RS485 的网络时，应注意如下几点：

（1）引出线尽量短。通常使用一条带屏蔽的双绞线作为总线，节点通过从总线上引出两条线将设备挂载至总线上的方式进行组网。从总线到每个节点的引出线长度应尽量短,以便使引出线中的反射信号对总线信号的影响最低。这种由于反射信号造成的影响在短距离、低速的情况下并不明显。但随着通信距离的延长或通信速率的提高,各支路末端反射后的信号与原信号叠加情况变得严重,造成信号质量下降,导致整个系统出错。

(2)注意阻抗的连续性。出现阻抗不连续的情况通常包括:总线采用了多种电缆,或收发器集中在某一段安装,再或者是分支线过长。而信号遇到阻抗不连续的点时会发生信号反射,所以我们应该避免以上情况出现。

(3)注意终端负载电阻。虽然根据 RS485 说明需要进行电阻匹配,但在实际使用时,短距离、低速率传输都无须匹配电阻。只有在长距离、高速率传输情况下,我们才需要依据信号衰减程度进行计算,加上匹配负载。

常用的终端匹配的方法是通过在 RS485 总线两端接上 200 Ω 电阻进行匹配,因为大多数双绞线阻抗在 100~200 Ω 之间。这种匹配方法简单而有效,但消耗功率较大,不适合对功率有严格要求的场合。另外一种比较省电的匹配方式是 RC 匹配。利用电容隔断直流成分可以节省大部分功率。但电容 $C$ 的取值是个难点,需要在功耗和匹配质量间进行折中。还有一种"伪匹配",即通过并联二极管的方法进行匹配。由于匹配是为了消除反射信号对原信号的影响,而二极管的钳位作用恰恰可以迅速削弱总线中的反射信号,使得原信号质量得到改善,因而也可以达到"匹配"的作用。并且此种"匹配"节能效果显著,基于工程装备所需的总线长度较短,负载数量较少,因而无须匹配。

# 1.4　Modbus 传输模式

Modbus 有两种传输模式:ASCII 模式和 RTU 模式。要在标准的 Modbus 网络上进行通信,需要将控制器设置为其中一种。并且互相通信的设备需要配置成相同的模式以及相同的串口通信参数。

## 1.4.1　ASCII 模 式

当设备在 Modbus 网络上以 ASCII 模式通信时,在消息中的每个字节都作为一个 ASCII 字符发送。这种发送方式的优点是不容易出错,因为即使相邻两个字符的发送中间有长达 1 s 的时间间隔也不会发生出错现象。在 ASCII 模式下,典型的帧格式如表 1-2 所示。

表 1-2　ASCII 模式下的标准帧

| 起始位 | 设备地址 | 功能代码 | 数据 | LRC 校验 | 结束符 |
| --- | --- | --- | --- | --- | --- |
| 1 个字符 | 2 个字符 | 2 个字符 | $n$ 个字符 | 2 个字符 | 2 个字符 |

　　由表 1-2 可得,一个典型的 ASCII 帧以 ASCII 码 3AH(即冒号)开始,以 ASCII 码 0DH(回车)和 0AH(换行)结束。所以,网络上的 Modbus 控制器不断监测网络总线上的冒号字符,当接收到冒号时,控制器开始解码地址域,以判断该帧是否是发来本设备的。如果是本设备帧,也是一直接收,直到回车换行符截止。校验无误后,再解析其他域的代码。在 ASCII 模式下,用于校验的是 LRC(纵向冗长检测)校验码。

## 1.4.2　RTU 模式

　　当控制器以 RTU 模式在 Modbus 网络上通信时,在消息中的每个 8 bit 字节包含两个 4 bit 的十六进制字符。很明显,在相同波特率下,采用 RTU 方式传输数据可以比采用 ASCII 模式传输更多的数据。典型的 RTU 帧如表 1-3 所示。

表 1-3　RTU 模式下的标准帧

| 起始位 | 设备地址 | 功能代码 | 数据 | CRC 校验 | 结束符 |
| --- | --- | --- | --- | --- | --- |
| T1-T2-T3-T4 | 8 bit | 8 bit | $n$ bit | 16 bit | T1-T2-T3-T4 |

　　使用 RTU 模式,一帧消息的发送至少要以 3.5 个字符时间的停顿开始。不同于 ASCII 帧,RTU 帧的第一个域为地址域,而没有冒号这一用于表示起始位的数据域。处于工作状态的控制器会不断地侦测总线,其不仅会侦测总线上的数据域,还会侦测停顿的间隔时间。当地址域接收到后,控制器将进行解码以判断该消息是否是发往自己的。在结束最后一个字符传输之后,至少 3.5 个字符时间的停顿来标定该消息的结束。此时一个新的消息便可立即开始传输。

　　在该模式下,每一帧消息都必须连续传输,传输过程中不能出现停顿。如果在一帧数据完成传输之前,停顿时间超过了 3.5 个字符,那么接收设备将认定这一帧消息为不完整消息,删除之前所接收内容,并且会认为下一个字节是一个新消息的地址域,开始接收保存。同样地,如果一个新消息在小于 3.5 个字符时间内开始传输,接收控制器将认为它是前一消息的一部分,这很可能导致该消息的 CRC 校验产生错误,从而造成数据传输错误。

Modbus RTU 和 ASCII 均采用了校验,分别是 CRC 校验和 LRC 校验,这两种不同的传输模式开始标记和结束标记如表 1-4 所示。

表 1-4    Modbus RTU/ASCII 协议

| 序号 | 协议 | 开始标记 | 结束标记 | 校验方式 |
|------|------|----------|----------|----------|
| 1 | Modbus RTU | 无 | 无 | 16 位 CRC |
| 2 | Modbus ASCII | : | CR(回车),LF(换行) | LRC |

# 1.5    校验方式

标准的 Modbus 串行网络采用两种错误检测方法。奇偶校验对每个字符都可用,LRC 或 CRC 校验则用于每一帧的检测。这些校验码都是由主设备在发送前通过计算产生的,而从设备则是在接收完数据后,再通过相应计算,检测校验码是否正确。

## 1.5.1    奇偶校验

奇偶校验是根据被传输的一组二进制代码的数位中"1"的个数是奇数或偶数来进行校验。采用奇数的称为奇校验,反之,称为偶校验。通常 Modbus 采用的是串口进行传输,对于串口而言,用户可以配置控制器是奇校验,也可以是偶校验,亦或是无校验。

如果指定了奇偶校验,将会有 9 位传输数据,"1"的位数将算到每个字符的位数中。例如 RTU 字符帧中包含以下 8 个数据位:10100101.如果采用偶校验,帧的奇偶校验位将是 0。如果使用了奇校验,帧的奇偶校验位将是 1。

如果不采用校验,传输时就只有 8 位数据,也不进行校验检测。

通常以上都由串口硬件自动完成,只需进行设置即可,并且在有其他校验方式时,一般都不采用奇偶校验。

## 1.5.2    LRC 检测

纵向冗余校验(Longitudinal Redundancy Check,LRC)是通信常用的一种校验形式,也称为 LRC 校验或纵向校验。它是一种从纵向通道上的特定位串产生校验位的错误检测方法。

LRC 校验在 ASCII 模式中使用,在 ASCII 消息包括了一个基于 LRC 方法的错误检测域。LRC 域检测了消息域中的地址域、功能域和数据域。

LRC 域是一个包含一个 8 位二进制值的字节。LRC 值由主设备计算得到,并将其附到消息帧的指定位置。接收设备在接收完一帧消息后,立即开始计算 LRC,LRC 校验采取将消息中的字节连续累加,丢弃了进位。LRC 占用 Modbus ASCII 帧 1 个字节长度,由传输设备计算 LRC 值,并和接收到消息中的 LRC 值进行比较,如果两值不等,说明帧数据有错误,需要另作处理。

LRC 为一个 8 位域,那么每个会导致值大于 255 新的相加只是简单地将域的值在"零"回绕。从 FF(11111111)十六进制中减去域的最终值,产生 1 的补码(二进制的反码)加 1 产生二进制补码。由此可得函数如下:

```
Unsigned char calculateLRC(unsigned char* auchMsg,unsigned short usDataLen)
{Unsigned char uchLRC=0;
While(usDataLen--)
uchLRC+=* auchMsg++;
Return((unsigned char)(-((char)uchLRC)));}
```

## 1.5.3　CRC 检测

循环冗余码校验的英文名称为 Cyclical Redundancy Check,简称 CRC,它是利用除法及余数的原理来作为错误侦测(Error Detecting)的。

CRC 校验码都是利用事先约定的多项式 $G(X)$ 计算得到的。本书主要采用 CRC16 作为校验码,其约定多项式 $G(X)=X_{16}+X_{15}+X_2+1$,对应代码记为 8005。主机根据该多项式,对需要发送的内容进行计算,即可求得一个 16 位的 CRC16 校验的数据帧。接收端在收完整个数据后,对整个数据帧进行同样的计算,包括 CRC 校验域,如果结果为 0,则表明数据正确,不为 0 则表明数据帧在传输过程中出现错误。

# 1.6　Modbus 功能码

## 1.6.1　常见的 Modbus 功能码

Modbus 具有许多的功能码,不同的功能码具有不同的功能,表 1-5 为常见的几种功能码以及其功能,主要涉及线圈、离散输入、保持、输入四种寄存器。

表 1-5　Modbus 常见功能码

| 功能码 | 功能 |
|---|---|
| 01 | 读取逻辑线圈状态 |
| 02 | 读取开关输入状态 |
| 03 | 读取保持寄存器内容 |
| 04 | 读取输入寄存器内容 |
| 05 | 强置单线圈通断 |
| 06 | 写保持寄存器 |
| 07 | 读取 8 个内部线圈的状态 |
| 15 | 强置多个线圈 |
| 16 | 写多个寄存器 |

（1）线圈寄存器：实际上就类比于开关量，每个 bit 都对应一个信号的开关状态。对应上面的功能码就是：0x01、0x05、0x0f。

（2）离散输入寄存器：也是每个 bit 表示一个开关量，而它的开关量只能读取输入的开关信号，是不能够写入的。对应上面的功能码就是 0x02。

（3）保持寄存器：这个寄存器单位不再是 bit 而是两个 byte，也就是可以存放具体的数据量，并且是可读写的。不仅仅可以读也可以写，而且也可以写多个或者单个。所以对应的功能码有三个：0x03、0x06、0x10。

（4）输入寄存器：与保持寄存器相似，但是只支持读而不能写。一个寄存器也是占据两个 byte 的空间。对应的功能码：0x04。

# 1.6.2　读保持寄存器（0x03）

实现读取模拟量输入通道和数字量输入通道数据，指令格式如下：

[:][设备地址][功能码 03][起始寄存器地址高 8 位][低 8 位][读取的寄存器数高 8 位][低 8 位][LRC][CR][LF]

读保持寄存器指令内容如表 1-6 所示。

表 1-6　读保持寄存器指令内容

| 内容 | 占用字节个数 | 取值范围 |
|---|---|---|
| 前缀 | 1B | : |
| 设备地址 | 2B | 1～247 |
| 功能码 | 2B | 0x03 |
| 起始寄存器地址 | 4B | |
| 读取的寄存器数量 | 4B | $N$，1～5；（起始寄存器＋$N$）这个和必须小于等于 5 |
| LRC | 2B | |
| 后缀 | 2B | CRLF |

响应：

[:][设备地址][功能码 03][返回的字节个数][数据 1 高 8 位][数据 1 低 8 位]...[数据 n][LRC][CR][LF]

读保持寄存器指令应答内容如表 1-7 所示。

表 1-7　读保持寄存器指令应答内容

| 内容 | 占用字节个数 | 取值范围 |
| --- | --- | --- |
| 前缀 | 1B | : |
| 设备地址 | 2B | 1～247 |
| 功能码 | 2B | 0x03 |
| 返回的字节个数 | 2B | $2 \times N$ |
| 数据 | $4B \times N$ | 数据以 2B 的形式，十六进制表示 |
| LRC | 2B | |
| 后缀 | 2B | CRLF |

错误响应：不对错误作出响应。

## 1.6.3　预置多寄存器(0x10)

实现写入数字量输出通道数据，指令格式如下：

[:][设备地址][功能码 16][起始寄存器地址高 8 位][低 8 位][写入的寄存器数高 8 位][低 8 位][写入字节个数][数据 1 高 8 位][数据 1 低 8 位]...[数据 n][LRC][CR][LF]

预置多寄存器指令内容如表 1-8 所示。

表 1-8　预置多寄存器指令内容

| 内容 | 占用字节个数 | 取值范围 |
| --- | --- | --- |
| 前缀 | 1B | : |
| 设备地址 | 2B | 1～247 |
| 功能码 | 2B | 0x10 |
| 起始寄存器地址 | 4B | 105<br>105 表示寄存器 105 |
| 写入的寄存器数量 | 4B | $N$,1;(起始寄存器＋$N$)这个和必须小于等于 106 |
| 字节个数 | 2B | 2 |
| 数据 | $4B \times N$ | |
| LRC | 2B | |
| 后缀 | 2B | CRLF |

响应：

[:][设备地址][功能码16][起始寄存器地址高8位][低8位][写入的寄存器数高8位][低8位][LRC][CR][LF]

预置多寄存器指令答内容如表1-9所示。

表1-9 预置多寄存器指令应答内容

| 内容 | 占用字节个数 | 取值范围 |
|---|---|---|
| 前缀 | 1B | : |
| 设备地址 | 2B | 1～247 |
| 功能码 | 2B | 16 |
| 起始寄存器地址 | 4B | 105<br>105 表示寄存器 105 |
| 写入的寄存器数量 | 4B | $N$,1;(起始寄存器＋$N$)这个和必须小于等于 106 |
| LRC | 2B | |
| 后缀 | 2B | CRLF |

错误响应：

预置多寄存器指令错误响应内容如表1-10所示。

表1-10 预置多寄存器指令错误响应内容

| 内容 | 占用字节个数 | 取值范围 |
|---|---|---|
| 前缀 | 1B | : |
| 设备地址 | 2B | 1～247 |
| 功能码 | 2B | 0x83 |
| 返回代码 | 2B | 02:起始寄存器超出范围<br>03:(起始寄存器＋$N$)值超过范围或收到不合法的字节 |
| 后缀 | 2B | CRLF |

# 第2章
# AT89S51 微控制器

AT89S51 是一个低功耗、高性能的 CMOS 8 位单片机,片内含 4 KB ISP(In-system programmable)的可反复擦写 1 000 次的 Flash 只读程序存储器,器件采用 ATMEL 公司的高密度、非易失性存储技术制造,兼容标准 MCS-51 指令系统及 80C51 引脚结构,芯片内集成了通用 8 位中央处理器和 ISP Flash 存储单元,功能强大的微控制器 AT89S51 可为许多嵌入式控制应用系统提供高性价比的解决方案。

## 2.1　AT89S51 的相关特性

AT89S51 具有如下特点:40 个引脚,4 KB Flash 片内程序存储器,128 B 的随机存取数据存储器(RAM),32 个外部双向输入/输出(I/O)口,5 个中断优先级 2 层中断嵌套中断,2 个 16 位可编程定时计数器,2 个全双工串行通信口,看门狗(WDT)电路,片内时钟振荡器。此外,AT89S51 设计和配置了振荡频率可为 0 Hz,并可通过软件设置省电模式。空闲模式下,CPU 暂停工作,而 RAM 定时计数器、串行口、外中断系统可继续工作。掉电模式冻结振荡器而保存 RAM 的数据,停止芯片其他功能直至外中断激活或硬件复位。同时该芯片还具有 PDIP、TQFP 和 PLCC 三种封装形式,以适应不同产品的需求。

- 与 MCS®-51 产品兼容;
- 4 KB 系统内可编程(ISP)闪存;
- 耐久性:10 000 次写入/擦除周期;
- 4.0 ~ 5.5 V 工作范围;
- 完全静态操作:0 ~ 33 MHz;
- 三级程序存储器锁;
- 128×8 位内部 RAM;

- 两个 16 位定时器/计数器；
- 六个中断源；
- 全双工 UART 串行通道；
- 低功耗空闲和掉电模式；
- 从掉电模式中恢复中断；
- 看门狗定时器双数据指针；
- 断电标志；
- 快速编程时间；
- 灵活的 ISP 编程（字节和页面模式）；
- 绿色（无铅/无卤）封装选项。

# 2.2 内部功能图

内部功能图如图 2-1 所示。

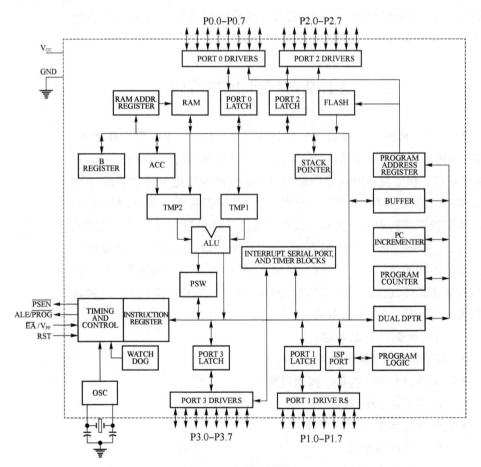

图 2-1 内部功能图

# 2.3　引脚封装图

引脚封装图如图 2-2 所示。

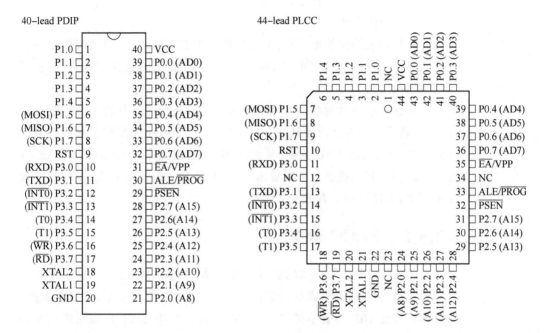

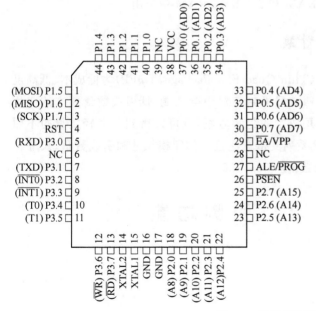

图 2-2　引脚封装图

### 2.3.1　DIP 封装

DIP(Dual In-line Package)封装结构具有以下特点：

(1) 适合 PCB 的穿孔安装；

(2) 比 TO 型封装易于对 PCB 布线；

(3) 操作方便。

DIP 封装结构的形式有：多层陶瓷双列直插式 DIP、单层陶瓷双列直插式 DIP、引线框架式 DIP(含玻璃陶瓷封接式、塑料包封结构式、陶瓷低熔玻璃封装式)。

衡量一个芯片封装技术先进与否的重要指标是芯片面积与封装面积之比,这个比值越接近 1 越好。以采用 40 根 I/O 引脚塑料包封双列直插式封装(PDIP)的 CPU 为例,其芯片面积/封装面积$=3\times3/15.24\times50=$ 1：85,离 1 相差很远。不难看出,这种封装尺寸远比芯片大,说明封装效率很低,占据了很多有效安装面积。

### 2.3.2　PLCC 封装

PLCC 封装是带引线的塑料芯片载体,表面贴装型封装之一,外形呈正方形,32 脚封装,引脚从封装的四个侧面引出,呈丁字形,是塑料制品,外形尺寸比 DIP 封装小得多。PLCC 封装适合用 SMT 表面安装技术在 PCB 上安装布线,具有外形尺寸小、可靠性高的优点。美国得克萨斯仪器公司首先在 64 KB DRAM 和 256 KB DRAM 中采用。

### 2.3.3　TQFP 封装

薄四方扁平封装(Thin Quad Flat Package,TQFP)为低成本、低高度引线框封装方案。薄四方扁平封装对中等性能、低引线数量要求的应用场合而言是最有效利用成本的封装方案,且可以得到一个轻质量的不引人注意的封装,TQFP 系列支持宽泛范围的印模尺寸和引线数量,尺寸范围从 7～28 mm,引线数量从 32～256。

# 2.4　引 脚 功 能

(1) VCC

供电正极引脚。

(2) GND

供电地引脚。

（3）端口 0

端口(Port)0 是一个 8 位开漏双向 I/O 端口。作为输出端口，每个引脚可以接收 8 个 TTL 输入。当 1 被写入端口 0 引脚时，这些引脚可用作高阻抗输入。在访问外部程序和数据存储器期间，端口 0 也可以配置为多路复用的低位地址/数据总线。在这种模式下，P0 有内部上拉电阻。端口 0 还在 Flash 编程期间接收代码字节，并在程序验证期间输出代码字节。程序验证期间需要外部上拉。

（4）端口 1

端口 1 是一个带有内部上拉电阻的 8 位双向 I/O 端口。端口 1 输出缓冲器可以接收/输出四个 TTL 输入。当 1 被写入端口 1 引脚时，它们被内部上拉电阻拉高并可用作输入。作为输入，由于内部上拉，外部被拉低的端口 1 引脚将提供电流。

端口 1 在 Flash 编程和验证期间也接收低位地址字节。

端口 1 多功能引脚如图 2-1 所示。

表 2-1　端口 1 多功能引脚

| 引脚 | 多功能 |
| --- | --- |
| P1.5 | MOSI(用于在系统编程) |
| P1.6 | MISO(用于系统内编程) |
| P1.7 | SCK(用于在系统编程) |

（5）端口 2

端口 2 是一个带有内部上拉电阻的 8 位双向 I/O 端口。端口 2 输出缓冲器可以接收/输出四个 TTL 输入。当 1 被写入端口 2 引脚时，它们被内部上拉电阻拉高并可用作输入。作为输入，由于内部上拉，外部被拉低的端口 2 引脚将提供电流。

在从外部程序存储器取数据和访问使用 16 位地址(MOVX@DPTR)的外部数据存储器期间，端口 2 发出高位地址字节。在此应用中，端口 2 在发射 1 时使用强大的内部上拉电阻。在访问使用 8 位地址(MOVX@RI)的外部数据存储器期间，端口 2 发出 P2 特殊功能寄存器的内容。

在 Flash 编程和验证期间，端口 2 还接收高位地址位和一些控制信号。

（6）端口 3

端口 3 是一个带有内部上拉电阻的 8 位双向 I/O 端口。端口 3 输出缓冲器可以接收/输出四个 TTL 输入。当 1 被写入端口 3 引脚时，它们被内部上拉电阻拉高，可用作输入。作为输入，由于上拉，外部被拉低的端口 3 引脚将提供电流。

端口 3 接收一些用于 Flash 编程和验证的控制信号。

端口 3 还提供 AT89S51 的各种特殊功能,如表 2-2 所示。

表 2-2 端口 3 多功能引脚

| 引脚 | 多功能 |
|---|---|
| P3.0 | RXD(串行输入) |
| P3.1 | TXD(串行输出) |
| P3.2 | $\overline{INT0}$(外部中断 0) |
| P3.3 | $\overline{INT1}$(外部中断 1) |
| P3.4 | T0(timer 0 外部输入) |
| P3.5 | T1(timer 1 外部输入) |
| P3.6 | $\overline{WR}$(外部数据存储器写选通) |
| P3.7 | $\overline{RD}$(外部数据存储器读选通) |

(7) RST

复位输入。当振荡器运行时,此引脚上的高电平持续两个机器周期会复位器件。看门狗超时后,该引脚驱动为高电平 98 个振荡器周期。SFR AUXR(地址 8EH)中的 DISRTO 位可用于禁用此功能。在位 DISRTO 的默认状态下,启用 RESET HIGH 输出功能。

(8) ALE/PROG

地址锁存使能(ALE)是一个输出脉冲,用于在访问外部存储器期间锁存地址的低字节。该引脚也是 Flash 编程期间的编程脉冲输入(PROG)。

在正常操作中,ALE 以 1/6 振荡器频率的恒定速率发射,可用于外部定时或时钟目的。但是请注意,每次访问外部数据存储器时都会跳过一个 ALE 脉冲。

如果需要,可以通过设置 SFR 地址 8EH 的位 0 来禁用 ALE 操作。设置该位后,ALE 仅在 MOVX 或 MOVC 指令期间有效。否则,该引脚被弱拉高。如果微控制器处于外部执行模式,则设置 ALE 禁用位无效。

(9) PSEN

程序存储使能(PSEN)是对外部程序存储器的读选通。

当 AT89S51 从外部程序存储器执行代码时,PSEN 每个机器周期被激活两次,除了在每次访问外部数据存储器期间跳过两次 PSEN 激活。

(10) EA/VPP

外部访问启用。EA 必须连接到 GND,以使器件能够从 0000H 到

FFFFH 的外部程序存储器位置获取代码。但是请注意,如果锁定位 1 被编程,EA 将在复位时被内部锁存。

　　EA 应连接到 VCC 以执行内部程序。

　　该引脚还在 Flash 编程期间连接 12 V 编程使能电压(VPP)。

　　(11) XTAL1

　　输入到反相振荡器放大器和输入到内部时钟操作电路。

　　(12) XTAL2

　　反相振荡器放大器的输出。

# 2.5　特殊功能寄存器

　　特殊功能寄存器(SFR)空间的片上存储区域的映射如图 2-3 所示。

Table 5-1.　AT89S51 SFR Map and Reset Values

| 0F8H | | | | | | | | 0FFH |
|---|---|---|---|---|---|---|---|---|
| 0F0H | B<br>00000000 | | | | | | | 0F7H |
| 0E8H | | | | | | | | 0EFH |
| 0E0H | ACC<br>00000000 | | | | | | | 0E7H |
| 0D8H | | | | | | | | 0DFH |
| 0D0H | PSW<br>00000000 | | | | | | | 0D7H |
| 0C8H | | | | | | | | 0CFH |
| 0C0H | | | | | | | | 0C7H |
| 0B8H | IP<br>XX000000 | | | | | | | 0BFH |
| 0B0H | P3<br>11111111 | | | | | | | 0B7H |
| 0A8H | IE<br>0X000000 | | | | | | | 0AFH |
| 0A0H | P2<br>11111111 | AUXR1<br>XXXXXXX0 | | | | | WDTRST<br>XXXXXXXX | 0A7H |
| 98H | SCON<br>00000000 | SBUF<br>XXXXXXXX | | | | | | 9FH |
| 90H | P1<br>11111111 | | | | | | | 97H |
| 88H | TCON<br>00000000 | TMOD<br>00000000 | TL0<br>00000000 | TL1<br>00000000 | TH0<br>00000000 | TH1<br>00000000 | AUXR<br>XXX00XX0 | 8FH |
| 80H | P0<br>11111111 | SP<br>00000111 | DP0L<br>00000000 | DP0H<br>00000000 | DP1L<br>00000000 | DP1H<br>00000000 | PCON<br>0XXX0000 | 87H |

图 2-3　SFR 图

请注意,并非所有地址都被占用,未占用的地址可能不会在芯片上实现。对这些地址的读访问通常会返回随机数据,而写访问将产生不确定的影响。

用户软件不应将1写入这些未列出的位置,因为它们可能会在未来的产品中用于调用新功能。在这种情况下,新位的复位或无效值将始终为0。

中断寄存器:各个中断使能位位于 IE 寄存器中。可以为 IP 寄存器中的五个中断源中的每一个设置两个优先级。

# 2.6　存储器组织

MCS-51 器件有一个单独的地址空间用于程序和数据存储器。每个外部程序和数据存储器最多可寻址 64 KB。

## 2.6.1　程序存储器

如果 EA 引脚连接到 GND,则所有程序提取都指向外部存储器。

在 AT89S51 上,如果 EA 连接到 VCC,程序对地址 0000H 到 FFFH 的取指将定向到内部存储器,而对地址 1000H 到 FFFFH 的取指将定向到外部存储器。

## 2.6.2　数据存储器

AT89S51 实现了 128 字节的片上 RAM。这 128 个字节可通过直接和间接寻址模式访问。堆栈操作是间接寻址,因此 128 字节的数据 RAM 可用作堆栈空间。

# 2.7　看门狗定时器

WDT 旨在作为一种在 CPU 可能受到软件干扰的情况下的恢复方法。WDT 由一个 14 位计数器和看门狗定时器复位(WDTRST)SFR 组成。WDT 默认禁用退出复位。要使能 WDT,用户必须将 01EH 和 0E1H 依次写入 WDTRST 寄存器(SFR 地址 0A6H)。当 WDT 使能时,它会在振荡器运行时每个机器周期递增。WDT 超时时间取决于外部时钟频率。除了通过复位(硬件复位或 WDT 溢出复位)外,没有其他方法可以禁用 WDT。当 WDT 溢出时,它将在 RST 引脚上驱动一个输出 RESET HIGH 脉冲。

## 2.7.1　使用看门狗

要使能 WDT,用户必须将 01EH 和 0E1H 依次写入 WDTRST 寄存器(SFR 地址 0A6H)。当 WDT 使能时,用户需要通过向 WDTRST 写入 01EH 和 0E1H 来复位它,以避免 WDT 溢出。14 位计数器在达到 16 383 (3FFFH)时溢出,这将复位器件。当 WDT 使能时,它会在振荡器运行时每个机器周期递增。这意味着用户必须至少每 16 383 个机器周期重置 WDT。要复位 WDT,用户必须将 01EH 和 0E1H 写入 WDTRST。WDTRST 是一个只写寄存器。WDT 计数器无法读取或写入。当 WDT 溢出时,它会在 RST 引脚产生一个输出 RESET 脉冲。RESET 脉冲持续时间为 98xTOSC,其中 TOSC＝1/FOSC。为了充分利用 WDT,应在那些将在防止 WDT 复位所需的时间内定期执行的代码段中对其进行服务。

## 2.7.2　掉电和空闲期间的 WDT

在掉电模式下,振荡器停止,这意味着 WDT 也停止。在掉电模式下,用户不需要维护 WDT。退出掉电模式有两种方法:通过硬件复位或通过电平激活的外部中断,在进入掉电模式之前启用该中断。当通过硬件复位退出掉电时,复位 WDT 应与 AT89S51 复位时的正常操作相同。通过中断退出掉电有很大不同。中断保持低电平足够长的时间以使振荡器稳定。当中断被拉高时,中断被服务。为防止 WDT 在中断引脚保持低电平时复位器件,在中断拉高之前不会启动 WDT。对于用于退出掉电模式的中断,建议在中断服务期间复位 WDT。

为确保 WDT 在退出掉电的几个状态内不会溢出,最好在进入掉电模式之前复位 WDT。

在进入空闲模式之前,SFR AUXR 中的 WDIDLE 位用于确定 WDT 是否在使能后继续计数。WDT 在 IDLE(WDIDLE 位＝0)作为默认状态持续计数。为防止 WDT 在 IDLE 模式下复位 AT89S51,用户应始终设置一个定时器,该定时器将定期退出 IDLE、服务 WDT 并重新进入 IDLE 模式。

启用 WDIDLE 位后,WDT 将在 IDLE 模式下停止计数,并在退出 IDLE 后恢复计数。

## 2.8　串行通信

AT89S51 具有两个全双工串行通信口,UART 的工作方式与 AT89C51 中的 UART 相同。

## 2.9　定时器 0 和 1

AT89S51 中的定时器 0 和定时器 1 的工作方式与 AT89C51 中的定时器 0 和定时器 1 相同。

## 2.10　中断

AT89S51 共有五个中断向量:两个外部中断(INT0 和 INT1),两个定时器中断(定时器 0 和 1),以及串口中断。这些中断都显示在图 2-4 中。

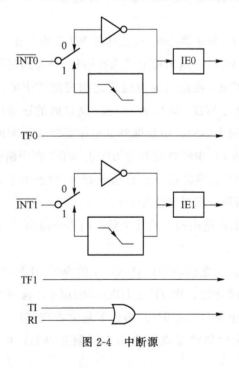

图 2-4　中断源

通过设置或清除特殊功能寄存器 IE 中的某个位,可以单独启用或禁用这些中断源中的每一个。IE 还包含一个全局禁用位 EA,它可以一次禁用所有中断。

请注意,表 2-3 所示位置 IE.6 和 IE.5 未实现。用户软件不应将 1 写入这些位置,因为它们可能会在升级的 AT89 产品中使用。

定时器 0 和定时器 1 标志 TF0 和 TF1 在定时器溢出周期的 S5P2 设置。然后在下一个周期中由电路轮询这些值。

MSB LSB

| EA | — | — | ES | ET1 | EX1 | ET0 | EX0 |
| --- | --- | --- | --- | --- | --- | --- | --- |

Enable bit＝1 允许中断。

Enable bit＝0 禁止中断。

表 2-3　中断描述

| 符号 | 位置 | 功能 |
| --- | --- | --- |
| EA | IE.7 | 禁用所有中断。如果 EA＝0,则不确认中断。如果 EA＝1,每个中断源通过设置或清除其启用位来单独启用或禁用 |
| — | IE.6 | 保留 |
| — | IE.5 | 保留 |
| ES | IE.4 | 串口中断使能位 |
| ET1 | IE.3 | 定时器 1 中断使能位 |
| EX1 | IE.2 | 外部中断 1 使能位 |
| ET0 | IE.1 | 定时器 0 中断使能位 |
| EX0 | IE.0 | 外部中断 0 使能位 |
| 用户软件不应该将 1 写入保留位,因为它们可能会在未来的 AT89 产品中使用 | | |

## 2.11　振荡器特性

XTAL1 和 XTAL2 分别是反相放大器的输入和输出,可配置为片上振荡器,如图 2-5 所示。可以使用石英晶体或陶瓷谐振器。要从外部时钟源驱动器件,XTAL2 应在驱动 XTAL1 时保持悬空状态,如图 2-6 所示。对外部时钟信号的占空比没有要求,因为内部时钟电路的输入是通过一个二分频触发器,但必须遵守最小和最大电压高电平和低电平时间规范。

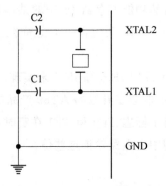

图 2-5　XTAL1 和 XTAL2 反向放大器的输入和输出

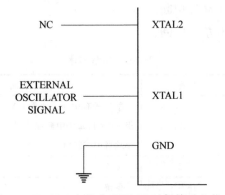

图 2-6　XTAL2 在驱动 XTAL1 时保持悬空状态

# 2.12　空闲模式

　　在空闲模式下,CPU 使自己进入睡眠状态,而所有片上外设都保持活动状态。该模式由软件调用,在此模式下,片上 RAM 和所有特殊功能寄存器的内容保持不变。空闲模式可以通过任何启用的中断或硬件复位来终止。

　　请注意,当空闲模式因硬件复位而终止时,器件通常会从其停止的地方恢复程序执行,最多两个机器周期后,内部复位算法才会获得控制权。在这种情况下,片上硬件禁止访问内部 RAM,但不禁止访问端口引脚。为了消除在空闲模式被复位终止时意外写入端口引脚的可能性,调用空闲模式的指令不应写入端口引脚或外部存储器。

# 2.13　掉电模式

如表 2-4 所示,在掉电模式下,振荡器停止,调用掉电的指令是最后执行的指令。片上 RAM 和特殊功能寄存器保持它们的值,直到掉电模式终止。退出掉电模式可以通过硬件复位或激活启用的外部中断(INT0 或 INT1)来启动。复位会重新定义 SFR,但不会更改片上 RAM。在 VCC 恢复到其正常工作电平之前不应激活复位,并且必须保持激活足够长的时间以允许振荡器重新启动并稳定下来。

表 2-4　掉电模式与端口状态

| Mode | Program Memory | ALE | $\overline{\text{PSEN}}$ | PORT0 | PORT1 | PORT2 | PORT3 |
|---|---|---|---|---|---|---|---|
| Idle | Internal | 1 | 1 | Data | Data | Data | Data |
| Idle | External | 1 | 1 | Float | Data | Address | Data |
| Power-down | Internal | 0 | 0 | Data | Data | Data | Data |
| Power-down | External | 0 | 0 | Float | Data | Data | Data |

# 2.14　程序存储器锁定位

AT89S51 具有三个锁定位,可以不编程(U)或编程(P)以获得表 2-5 中列出的附加功能。

表 2-5　锁定位功能

| Program Lock Bits | | | | Protection Type |
|---|---|---|---|---|
| NO. | LB1 | LB2 | LB3 | |
| 1 | U | U | U | No program lock features |
| 2 | P | U | U | MOVC instructions executed from external program memory are disabled from fetching code bytes from internal memory, EA is sampled and latched on reset, and further programming of the Flash memory is disabled |
| 3 | P | P | U | Same as mode 2, but verify is also disabled |
| 4 | P | P | P | Same as mode 3, but external execution is also disabled |

当锁定位 1 被编程时，EA 引脚的逻辑电平在复位期间被采样和锁存。如果设备在没有复位的情况下上电，锁存器将初始化为一个随机值并保持该值直到激活复位。EA 的锁存值必须与该引脚的当前逻辑电平一致，才能使器件正常工作。

# 2.15  对 Flash 进行编程——并行模式

AT89S51 出厂时带有片上闪存阵列，可供编程。编程接口需要高压（12 V）编程使能信号，并且与传统的第三方闪存或 EPROM 编程器兼容。

AT89S51 代码存储器阵列是逐字节编程的。

编程算法：在对 AT89S51 进行编程之前，应根据 Flash 编程模式表（表 2-6）和图 2-7 和图 2-8 设置地址、数据和控制信号。要对 AT89S51 进行编程，请执行以下步骤：

（1）在地址线上输入所需的内存位置。

（2）在数据线上输入适当的数据字节。

（3）激活控制信号的正确组合。

（4）将 EA/VPP 提高到 12 V。

（5）脉冲 ALE/PROG 一次以编程闪存阵列中的一个字节或锁定位。字节写周期是自定时的，通常不超过 50 μs。重复步骤 1～5，更改整个数组的地址和数据，或者直到到达目标文件的结尾。

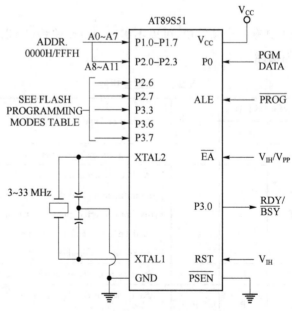

图 2-7  编程 FLASH 存储器（并行模式）

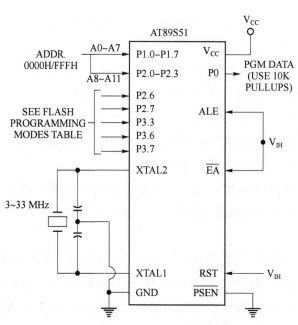

图 2-8 检验 FLASH 存储器(并行模式)

表 2-6 Flash 编程模式表

| Mode | Vcc | RST | PSEN | ALE/ PROG | EA/ Vpp | P2.6 | P2.7 | P3.3 | P3.6 | P3.7 | P0.7-0 Data | P2.3-0 | P1.7-0 |
|------|-----|-----|------|------|------|------|------|------|------|------|------|------|------|
| | | | | | | | | | | | | Address | |
| Write Code Data | 5 V | H | L | (2) ⎍ | 12 V | L | H | H | H | H | $D_{IN}$ | A11~A8 | A7-A0 |
| Read Code Data | 5 V | H | L | H | H | L | L | L | H | H | $D_{OUT}$ | A11~A8 | A7~A0 |
| Write Lock Bit 1 | 5 V | H | L | (3) ⎍ | 12 V | H | H | H | H | H | × | × | × |
| Write Lock Bit 2 | 5 V | H | L | (3) ⎍ | 12 V | H | H | H | L | L | × | × | × |
| Write Lock Bit 3 | 5 V | H | L | (3) ⎍ | 12 V | H | L | H | H | L | × | × | × |
| Read Lock Bits1,2,3 | 5 V | H | L | H | H | H | H | L | H | L | P0.2, P0.3, P0.4 | × | × |
| Chip Erase | 5 V | H | L | (1) ⎍ | 12 V | H | L | H | L | L | × | × | × |
| Read Atmel ID | 5 V | H | L | H | H | L | L | L | L | L | 1EH | 0000 | 00H |
| Read Device ID | 5 V | H | L | H | H | L | L | L | L | L | 51H | 0001 | 00H |
| Read Device ID | 5 V | H | L | H | H | L | L | L | L | L | 06H | 0010 | 00H |

Notes:1. Each PROG pulse is 200 ns~500 ns for Chip Erase.

2. Each PROG pulse is 200 ns~500 ns for Write Code Data.

3. Each PROG pulse is 200 ns~500 ns for Write Lock Bits.

4. RDY/BSY signal is output on P3.0 during programming.

5. X= don't care.

数据轮询：AT89S51 具有数据轮询功能，用于指示字节写周期的结束。在写周期内，尝试读取最后写入的字节将导致 P0.7 上写入数据的补码。写周期完成后，所有输出上的真实数据都有效，并且可以开始下一个周期。数据轮询可以在写周期开始后的任何时间开始。

Ready/Busy：字节编程的进度也可以通过 RDY/BSY 输出信号来监控。在编程期间 ALE 变为高电平后，P3.0 被拉低以指示 BUSY。当编程完成时，P3.0 再次拉高以指示 READY。

程序验证：如果锁定位 LB1 和 LB2 没有被编程，可以通过地址和数据线读回编程的代码数据进行验证。各个锁定位的状态可以通过读回它们来直接验证。

读取签名字节：签名字节的读取过程与对位置 000H、100H 和 200H 的正常验证相同，但 P3.6 和 P3.7 必须拉至逻辑低电平。返回的值如下。

(000H)＝1EH 表示由 Atmel 制造(100H)＝51H 表示 AT89S51

(200H)＝06H

芯片擦除：在并行编程模式下，芯片擦除操作通过使用适当的控制信号组合和将 ALE/PROG 脉冲拉低 200～500 ns 来启动。

在串行编程模式下，通过发出芯片擦除指令来启动芯片擦除操作。在这种模式下，芯片擦除是自定时的，大约需要 500 ms。

在芯片擦除期间，从任何地址位置进行串行读取将在数据输出端返回 00H。

# 2.16　对 Flash 进行编程——串行模式

当 RST 被拉至 VCC 时，可以使用串行 ISP 接口对代码存储器阵列进行编程。串行接口由引脚 SCK、MOSI(输入)和 MISO(输出)组成。RST 置高后，需要先执行 Programming Enable 指令，才能执行其他操作。在重新编程序列发生之前，需要进行芯片擦除操作。

芯片擦除操作将代码数组中每个存储单元的内容转换为 FFH。

可以在引脚 XTAL1 上提供外部系统时钟，或者需要在引脚 XTAL1 和 XTAL2 之间连接晶体。最大串行时钟(SCK)频率应小于晶振频率的 1/16。对于 33 MHz 振荡器时钟，最大 SCK 频率为 2 MHz。

要在串行编程模式下对 AT89S51 进行编程和验证，建议采用以下顺序。

（1）上电顺序：

①在 VCC 和 GND 引脚之间加电。

②将 RST 引脚设置为"H"。

如果 XTAL1 和 XTAL2 引脚之间没有连接晶振，则向 XTAL1 引脚施加 3 MHz～33 MHz 的时钟并等待至少 10 ms。

（2）通过向引脚 MOSI/P1.5 发送 Programming Enable 串行指令来启用串行编程。引脚 SCK/P1.7 提供的移位时钟的频率需要小于 XTAL1 的 CPU 时钟除以 16。

（3）在字节或页模式下，代码阵列一次编程一个字节。写周期是自定时的，通常在 5 V 时用时不到 0.5 ms。

（4）任何内存位置都可以通过使用读取指令来验证，该指令返回串行输出 MISO/P1.6 处所选地址的内容。

（5）在编程会话结束时，可以将 RST 设置为低以开始正常的器件操作。

断电顺序（如果需要）：

①将 XTAL1 设置为"L"（如果不使用晶体）。

②将 RST 设置为"L"。

③关闭 VCC 电源。

数据轮询：数据轮询功能也可用于串行模式。在这种模式下，在写周期期间，尝试读取最后写入的字节将导致 MISO 上串行输出字节的 MSB 补码。

## 2.17　编程接口——并行模式

闪存阵列中的每个代码字节都可以通过使用适当的控制信号组合进行编程。写操作周期是自定时的，一旦启动，将自动定时完成。

# 第 3 章
# 面向 Modbus 应用的硬件设计

## 3.1　硬件总体设计

　　根据 Modbus 应用智能化系统特点和应用需求，在实际应用中，控制器应当具备总线网络通信、数据采集、输出控制、状态显示灯通用功能，并支持外置显示屏显示输出、可编程等高级功能。控制器总体设计结构以 8051 单片机为控制中心，包含 4 通道 12 位模拟量输入、8 通道光电隔离的开关量输入、6 通道开关量输出、1 个光电隔离的 232 接口和 1 个光电隔离的 485 接口，基于 485 总线的 Modbus 总线接口，可以实现组网与通信。控制器结构功能框图如图 3-1 所示。

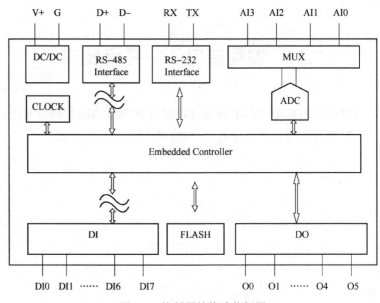

图 3-1　控制器结构功能框图

# 3.2　技术指标

控制器技术指标如表 3-1 所示。

表 3-1　控制器技术指标

| 功能 | 技术指标 |
|---|---|
| 模拟量输入 | |
| 通道个数 | 4 |
| 输入类型 | 0~5 V,0~20 mA(可选) |
| 分辨率 | 12 bit |
| 采样速率 | 100 ksps |
| 精度 | 0.1% |
| 断线检测 | 有 |
| 开关量输入 | |
| 通道个数 | 8 |
| 输入类型 | 干接点 |
| 隔离 | 3 000 VDC |
| 开关量输出 | |
| 输出通道个数 | 6 |
| 输出类型 | 继电器 |
| 输出特性 | 5 A 250 VAC　　5 A 30 VDC |
| 通信接口 | |
| RS-232 | 3 000 VDC 光电隔离 |
| RS-485 | 3 000 VDC 光电隔离 |
| RS-485 端口防护能力 | 抗雷击、防浪涌 1 500 W、短路自恢复 |
| Modbus 通信参数 | 波特率:9 600。起始位:1。停止位:1。校验:无。协议:Modbus ASCII |
| 高级功能 | |
| 算法可编程组态功能 | 支持 |
| 外置显示屏显示组态 | 支持 |
| 供电 | |
| 输入电压 | 18~36 VDC |
| 功耗 | 10 W |
| 温度范围 | |
| 工作温度 | −25~70 ℃ |
| 存储温度 | −40~100 ℃ |

# 3.3　AT89S51 微控制电路

AT89S51 微控制器应用原理图如图 3-2 所示。

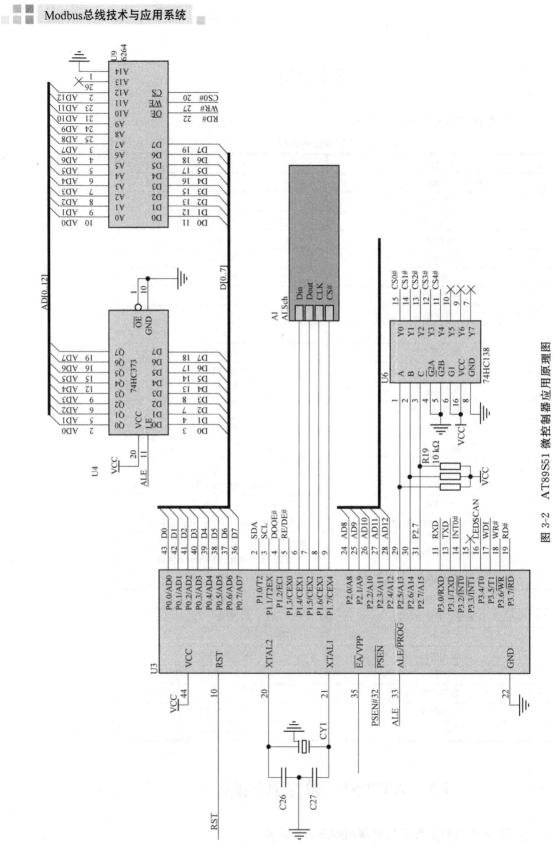

图 3-2 AT89S51 微控制器应用原理图

控制器选用 AT89S51 单片机,通过 74HC373 扩展总线,连接了 6 264 外部数据存储器;通过 74HC138 扩展了地址选通。

74HC373 逻辑器件是 8 位锁存器,具有专门设计用于驱动高电容或相对低阻抗负载的三态输出。它们特别适合用于实现缓冲寄存器、I/O 端口、双向总线驱动器和工作寄存器。HC373 器件的 8 个锁存器是透明 D 类型锁存器。在锁存使能(LE)输入为高电平时,Q 输出将跟随数据(D)输出。当 LE 为低电平时,Q 输出被锁存在 D 输入上设置的电平上。74HC373 内部结构图如图 3-3 所示。

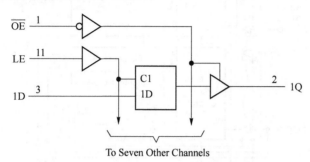

图 3-3　74HC373 内部结构图

74HC(T)138 是 8 线解码器,具有一个标准输出选通(G2)和两个低电平有效的输出选通(G1 和 G0)。当输出受到任何选通输入控制时,这些输出全都强制进入高电平状态。当选通输入未禁用输出时,只有选定输出为低电平,而所有其他输出为高电平。74HC(T)138 内部结构图如图 3-4 所示。

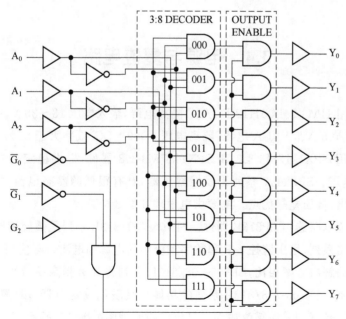

图 3-4　74HC(T)138 内部结构图

6264 是引脚双列直插存储芯片,容量是 8 KB,采用 CMOS 工艺制造,操作方式由 OE、WE、CE1、CE2 的共同作用决定。当 OE 和 CE1 为低电平,且 WE 和 CE2 为高电平时,数据输出缓冲器选通,被选中单元的数据送到 I/O1~I/O8 上。6264 内部结构如图 3-5 所示。

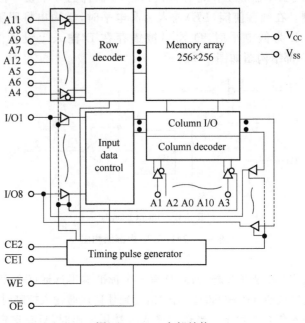

图 3-5　6264 内部结构

# 3.4　电源与复位电路

采用 HM5-24D05H12 DC/DC 隔离电源,输入电压 18~36 V,模块输出 12 V/0.5 A、5 V/1 A 电压,隔离电压 3 000 VDC,效率大于 85%。线性电源选用 SPX1117M3-3.3 和 SPX1117M3-1.8 器件,提供稳定的 3.3 V、1.8 V 电压。SPX1117 系列为线性稳压器,具有很低的静态电流、极低的纹波输出、低压差等优点。电源供电原理如图 3-6 所示。

复位电路选用 SP813L 器件。SP705-708/813L 系列是微处理器(μP)监控电路系列,用于监控 mP 和数字系统中的电源和电池。与使用分立元件获得的解决方案相比,SP705-708/813L 系列将显著提高系统可靠性和运行效率。SP705-708/813L 系列的功能包括看门狗定时器、μP 复位、电源故障比较器和手动复位输入。复位电路原理图如图 3-7 所示。

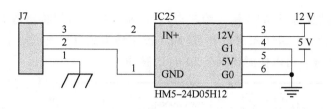

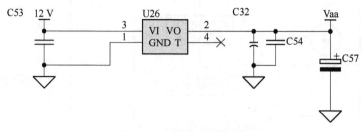

图 3-6　电源供电原理图

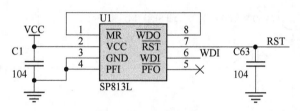

图 3-7　复位电路原理图

SP 系列复位器件结构图如图 3-8 所示。

（1）复位输出

微处理器的复位输入以已知状态启动 μP。SP705-708/813L 系列在上电期间断言复位，并防止在断电或掉电条件下发生代码执行错误。

上电时，一旦 VCC 达到 1.1 V，RESET 就会保证 0.4 V 或更低的逻辑低电平。随着 VCC 上升，RESET 保持低电平。当 VCC 上升到复位阈值以上时，内部定时器会在 200 ms 后释放 RESET。每当 VCC 低于复位阈值时，例如在掉电情况下，RESET 脉冲就会变为低电平。当在先前启动的复位脉冲中间出现掉电条件时，该脉冲至少再持续 140 ms。掉电时，一旦 VCC 降至复位阈值以下，RESET 保持低电平并保证为 0.4 V 或更低，直到 VCC 降至 1.1 V 以下。

SP707/708/813L 高电平有效复位输出只是复位输出的补充，保证在 VCC 低至 1.1 V 时有效。一些 μP，例如 Intel 的 80C51，需要一个高电平有效复位脉冲。

（2）看门狗定时器

SP705/706/813L 看门狗电路监控 μP 的活动。如果 μP 未在 1.6 s 内切换看门狗输入（WDI）且 WDI 未处于三态，则 WDO 变为低电平。只要

RESET 被置位或 WDI 输入为三态,看门狗定时器将保持清零并且不会计数。一旦 RESET 被释放并且 WDI 被驱动为高电平或低电平,定时器将开始计数。可以检测到短至 50 ns 的脉冲。

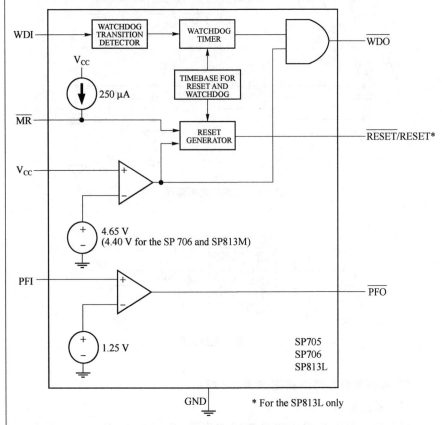

图 3-8　SP 系列复位器件结构图

通常,WDO 将连接到μP 的不可屏蔽中断输入(NMI)。当 VCC 降至复位阈值以下时,无论看门狗定时器是否超时,WDO 都会变为低电平。通常这会触发 NMI,但 RESET 同时变为低电平,从而覆盖 NMI。

如果 WDI 悬空,WDO 可用作低电压输出。由于浮动 WDI 禁用内部定时器,WDO 仅在 VCC 低于复位阈值时变为低电平,因此用作低电压输出。

(3) 断电比较器

电源故障比较器可用于多种用途,因为它的输出和同相输入没有在内部连接。反相输入在内部连接到 1.25 V 基准。

要构建电源故障预警电路,请将 PFI 引脚连接到分压器。选择分压器比率,使 PFI 上的电压在+5 V 稳压器下降之前降至 1.25 V 以下。使用 PFO 中断μP,以便它可以为有序断电做好准备。

(4) 手动复位

手动复位输入(MR)允许通过按钮开关触发 RESET。开关被 140 ms

的最小 RESET 脉冲宽度有效地去抖动。MR 兼容 TTL/CMOS 逻辑,因此可以由外部逻辑线驱动。MR 可用于强制看门狗超时以在 SP705/706/813L 中生成 RESET 脉冲。只需将 WDO 连接到 MR,确保有效复位输出低至 VCC=0 V。

当 VCC 低于 1.1 V 时,SP705/706/707/708 的 RESET 输出不再吸收电流,变为开路。如果不驱动,高阻抗 CMOS 逻辑输入可能会漂移到不确定的电压。如果在 RESET 引脚上添加一个下拉电阻,则任何杂散电荷或泄漏电流都将分流到地,从而将 RESET 保持为低电平。电阻值并不重要。应该是 100 kW 左右,大到不加载 RESET,小到可以拉 RESET 接地。

（5）监控非稳压直流输入以外的电压

通过将分压器连接到 PFI 并适当调整比率来监控未稳压 DC 以外的电压。如果需要,通过在 PFI 和 PFO 之间连接一个电阻器（其值约为分压器网络中两个电阻器总和的 10 倍）来增加滞后。PFI 和 GND 之间的电容器将降低电源故障电路对被监控线路上的高频噪声的敏感度。RESET 可用于监控＋5 V VCC 线以外的电压。当 PFI 降至 1.25 V 以下时,将 PFO 连接到 MR 以启动 RESET 脉冲。

# 3.5  时钟电路

时钟电路如图 3-9 所示。

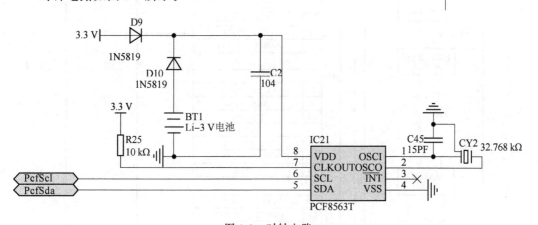

图 3-9  时钟电路

控制器采用 PCF8563T 时钟器件,PCF8563 是针对低功耗优化的 CMOS1 实时时钟(RTC)和日历。还提供了可编程时钟输出、中断输出和低电压检测器。所有地址和数据都通过两线双向 I2C 总线串行传输。最大总线速度为 400 kbit/s。寄存器地址在每个写入或读取数据字节后自动递增。

该器件为 I2C 总线接口。根据 I2C 总线规范,SCL(时钟)、SDA(数据/地址)引脚需要接上拉电阻。PCF8563T 的 I2C 总线最大总线速度为 400 kbits/s,器件可以提供年、月、日、时、分、秒等日期时间信息。BT1 为 3 V 电池,解决控制器掉电后时钟器件供电问题。2 片 1N5819 肖特基二极管,防止掉电后电池向其他电路供电,加速电池能量消耗。

PCF8563 包含 16 个具有自动递增寄存器地址的 8 位寄存器、一个带有一个集成电容器的片上 32.768 kHz 振荡器、一个为实时时钟(RTC)和日历提供源时钟的分频器、一个可编程的时钟输出、定时器、闹钟、低电压检测器和 400 kHz I2C 总线接口。所有 16 个寄存器都设计为可寻址的 8 位并行寄存器。前两个寄存器(内存地址 00 h 和 01 h)用作控制和/或状态寄存器。存储器地址 02 h 到 08 h 用作时钟功能的计数器(秒到年计数器)。地址位置 09h 到 0Ch 包含定义报警条件的报警寄存器。地址 0Dh 控制 CLKOUT 输出频率。0Eh 和 0Fh 分别是 Timer_control 和 Timer 寄存器。秒、分、小时、日、月、年以及 Minute_alarm、Hour_alarm 和 Day_alarm 寄存器均以二进制编码十进制(BCD)格式编码。当 RTC 寄存器之一被写入或读取时,所有时间计数器的内容都被冻结。因此,防止了在进位条件期间时钟和日历的错误写入或读取。PCF8563T 器件内部结构如图 3-10 所示。

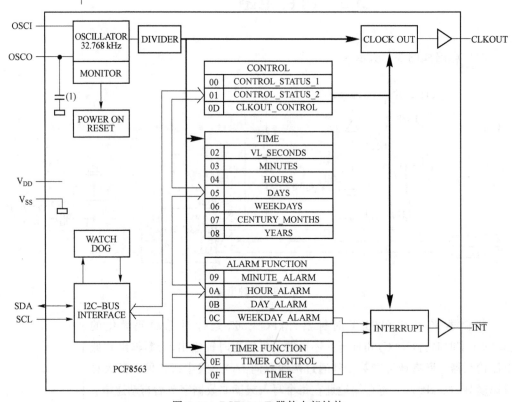

图 3-10　PCF8563T 器件内部结构

# 3.6　模拟量输入

模拟量输入调理电路如图 3-11 所示。A/D 转换电路如图 3-12 所示。

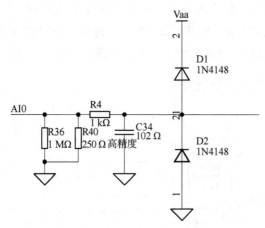

图 3-11　模拟量输入调理电路

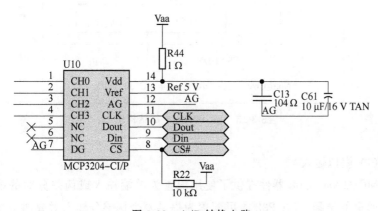

图 3-12　A/D 转换电路

A/D 器件选用 12 位精度、逐次比较型的 MCP3204 器件。MCP3204/3208 器件是具有板载采样和保持电路的逐次逼近型 12 位模数（A/D）转换器。模拟量输入调理电路中使用 250 Ω 精密电阻将 0～20 mA 电流输入信号转换为电压信号，调理电路采用 RC 滤波电路对模拟量输入信号进行滤波，使用 2 片 1N4148 二极管保护输入到 A/D 器件的信号幅值不超过电源供电的正负电压。

MCP3204 可编程以提供两个伪差分输入对或四个单端输入。MCP3208

可编程以提供四个伪差分输入对或八个单端输入。微分非线性(DNL)规定为±1 LSB,而积分非线性(INL)则提供±1 LSB(MCP3204/3208-B)和±2 LSB(MCP3204/3208-C)版本。使用与 SPI 协议兼容的简单串行接口完成与设备的通信。这些器件能够实现高达 100 ksps 的转换率。MCP3204/3208 器件的工作电压范围很广(2.7~5.5 V)。低电流设计允许以分别仅为 500 nA 和 320 μA 的典型待机电流和工作电流运行。MCP3204 采用14 引脚 PDIP、150 mil SOIC 和 TSSOP 封装。MCP3208 采用 16 引脚PDIP 和 SOIC 封装。MCP3204 内部结构图如图 3-13 所示。

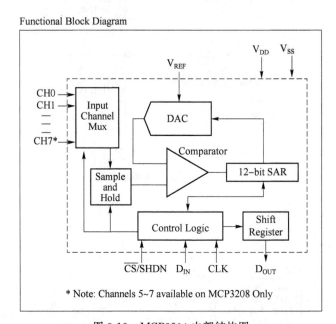

图 3-13　MCP3204 内部结构图

（1）模拟输入

MCP3204/3208 器件提供了使用配置为单端输入或伪差分对的模拟输入通道的选择。MCP3204 可配置为提供两个伪差分输入对或四个单端输入,而 MCP3208 可配置为提供四个伪差分输入对或八个单端输入。在每次转换开始之前,配置作为串行命令的一部分完成。在伪差分模式下使用时,每个通道对(即 CH0 和 CH1、CH2 和 CH3 等)都被编程为 IN＋和 IN-输入,作为传输到器件的命令字符串的一部分。IN＋输入的范围可以从 IN-到(VREF＋IN-)。IN-输入限制为距 VSS 轨±100 mV。IN-输入可用于消除 IN＋和 IN-输入上都存在的小信号共模噪声。

在伪差分模式下工作时,如果 IN＋的电压电平等于或小于 IN-,则结果代码将为 000h。如果 IN＋处的电压等于或大于{[VREF＋(IN-)]-1 LSB},则输出代码将为 FFFh。如果 IN-的电压电平比 VSS 低 1 LSB 以上,IN＋输入的电压电平必须低于 VSS 才能看到 000h 输出码。相反,如果 IN-比 VSS 高 1 LSB 以上,则除非 IN＋输入电平高于 VREF 电平,否则将看不到 FFFh 码。

　　为了使 A/D 转换器符合规范,电荷保持电容器(CSAMPLE)必须有足够的时间在 1.5 个时钟周期的采样周期内获取 12 位准确的电压电平。MCP3204 模拟输入模型图如图 3-14 所示。

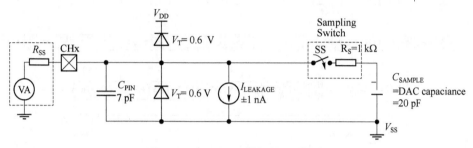

图 3-14　MCP3204 模拟输入模型图

　　该图说明源阻抗(RS)添加到内部采样开关(RSS)阻抗,直接影响对电容器(Csample)充电所需的时间。因此,较大的源阻抗会增加转换的偏移、增益和积分线性误差,MCP3204 阻抗图如图 3-15 所示。

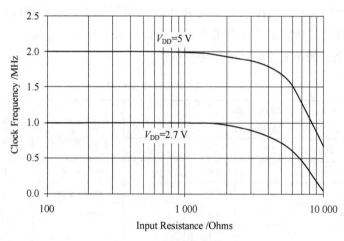

图 3-15　MCP3204 阻抗图

（2）参考输入

　　对于该系列中的每个器件,参考输入(VREF)决定了模拟输入电压范围。随着参考输入的减少,LSB 的大小也相应减少。A/D 转换器产生的理论数字输出代码是模拟输入信号和参考输入的函数。

（3）串行通信

　　与 MCP3204/3208 器件的通信是使用标准 SPI 兼容串行接口完成的。

通过将 CS 线拉低来启动与任一设备的通信,如图 3-16 所示。如果设备在 CS 引脚为低电平的情况下上电,则必须将其拉高并返回低电平以启动通信。

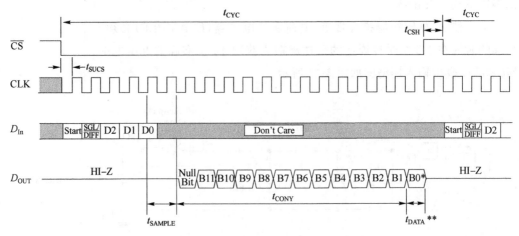

图 3-16　MCP3204/3208 通信时序图

接收到的第一个 CS 低和 DIN 高的时钟将构成一个起始位。SGL/DIFF 位在起始位之后,将确定转换是使用单端输入模式还是差分输入模式完成。接下来的三位(D0、D1 和 D2)用于选择输入通道配置。表 3-2 和表 3-3 分别显示了 MCP3204 和 MCP3208 的配置位。接收到起始位后,器件将在时钟的第四个上升沿开始对模拟输入进行采样。采样周期将在起始位之后的第五个时钟的下降沿结束。

表 3-2　MCP3204 配置位表

| Control Bit Selections | | | | Input Configuration | Channel Selection |
|---|---|---|---|---|---|
| Single/Diff | D2 * | D1 | D0 | | |
| 1 | × | 0 | 0 | single-ended | CH0 |
| 1 | × | 0 | 1 | single-ended | CH1 |
| 1 | × | 1 | 0 | single-ended | CH2 |
| 1 | × | 1 | 1 | single—ended | CH3 |
| 0 | × | 0 | 0 | differential | CH0＝IN＋<br>CH1＝IN— |
| 0 | × | 0 | 1 | differential | CH0＝IN—<br>CH1＝IN＋ |
| 0 | × | 1 | 0 | differential | CH2＝IN＋<br>CH3＝IN— |
| 0 | × | 1 | 1 | differential | CH2＝IN—<br>CH3＝IN＋ |

表 3-3　MCP3208 配置位

| Control Bit Selections | | | | Input Configuration | Channel Selection |
|---|---|---|---|---|---|
| Single/Diff | D2 | D1 | D0 | | |
| 1 | 0 | 0 | 0 | single-ended | CH0 |
| 1 | 0 | 0 | 1 | single-ended | CH1 |
| 1 | 0 | 1 | 0 | single-ended | CH2 |
| 1 | 0 | 1 | 1 | single-ended | CH3 |
| 1 | 1 | 0 | 0 | single-ended | CH4 |
| 1 | 1 | 0 | 1 | single-ended | CH5 |
| 1 | 1 | 1 | 0 | single-ended | CH6 |
| 1 | 1 | 1 | 1 | single-ended | CH7 |
| 0 | 0 | 0 | 0 | differential | CH0＝IN＋ CH1＝IN－ |
| 0 | 0 | 0 | 1 | differential | CH0＝IN－ CH1＝IN＋ |
| 0 | 0 | 1 | 0 | differential | CH2＝IN＋ CH3＝IN－ |
| 0 | 0 | 1 | 1 | differential | CH2＝IN－ CH3＝IN＋ |
| 0 | 1 | 0 | 0 | differential | CH4＝IN＋ CH5＝ IN－ |
| 0 | 1 | 0 | 1 | differential | CH4＝IN－ CH5＝IN＋ |
| 0 | 1 | 1 | 0 | differential | CH6＝IN＋ CH7＝IN－ |
| 0 | 1 | 1 | 1 | differential | CH6＝IN－ CH7＝IN＋ |

　　输入 D0 位后,还需要一个时钟来完成采样和保持周期(DIN 对此时钟是"无关紧要的")。在下一个时钟的下降沿,器件将输出一个低空位。接下来的 12 个时钟将输出 MSB 在前的转换结果,如图 3-16 所示。数据总是在时钟的下降沿从器件输出。如果 12 个数据位都已发送完毕,且 CS保持低电平时器件继续接收时钟,则器件将首先输出转换结果 LSB,如图 3-17 所示。如果在 CS 仍为低电平时(在发送 LSB 第一个数据之后)向设备提供更多时钟,则设备将不断地输出零。

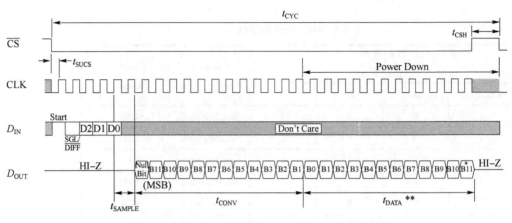

图 3-17　LSB 在前的 MCP 3204/3208 通信时序图

　　如有必要,可以将 CS 拉低,并在 DIN 线上在起始位之前输入前导零。这通常在处理必须一次发送 8 位的基于微控制器的 SPI 端口时完成。

　　(4)布局注意事项

　　在布置用于模拟元件的印刷电路板时,应注意尽可能降低噪声。该器件应始终使用旁路电容器,并尽可能靠近器件引脚放置。建议使用 1 μF 的旁路电容。

　　电路板上的数字和模拟走线应尽可能分开,器件或旁路电容器下方不得有走线。应采取额外的预防措施,使带有高频信号(如时钟线)的走线尽可能远离模拟走线。

　　建议使用模拟接地层,以保持板上所有设备的接地电位相同。为"星形"配置中的器件提供 VDD 连接还可以通过消除返回电流路径和相关错误来降低噪声,如图 3-18 所示。

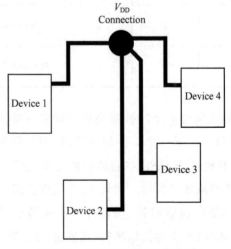

图 3-18　MCP3204 PCB 布线图

（5）利用数字和模拟接地引脚

MCP3204/3208 器件提供数字和模拟接地连接，以提供另一种降噪方法。如图 3-19 所示，模拟和数字电路在器件内部是分开的。这减少了设备的数字部分耦合到设备的模拟部分的噪声。两个接地通过基板内部连接，基板的电阻为 5～10 Ω。

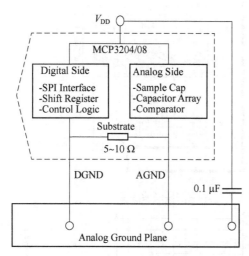

图 3-19　MCP3204 接地图

如果没有使用接地层，则两个接地都必须连接到板上的 VSS。如果接地层可用，则数字和模拟接地引脚都应连接到模拟地平面。如果模拟和数字接地层都可用，则数字和模拟接地引脚都应连接到模拟接地层。遵循这些步骤将减少电路板其余部分耦合到 A/D 转换器的数字噪声量。

## 3.7　开关量输入

开关量输入通道采用 PC3H7 光耦隔离，PC3H7 隔离电压 2 500 V，光耦输入端设计了保护二极管，防止信号反向输入击穿 PC3H7。在光耦的输出端连接 104（0.1 μF）电容目的是滤波，消除边沿的尖峰干扰。74HC244 是一款高速 CMOS 器件，该芯片可构成三态数据缓冲器。光耦的输出信号经过该器件接入到内部的数据总线。开关量输入电路如图 3-20 所示。

## 3.8　开关量输出

开关量输出驱动电路如图 3-21 所示。

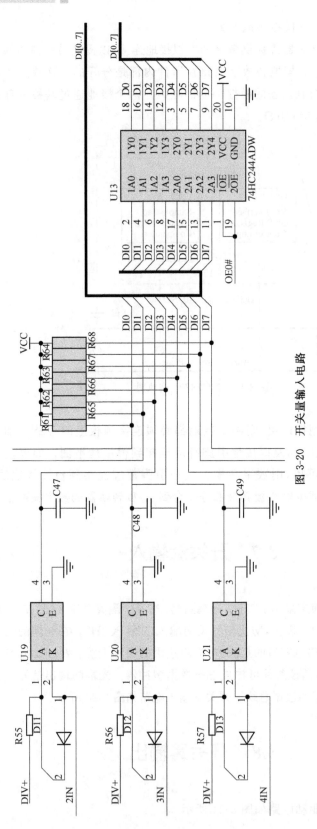

图 3-20　开关量输入电路

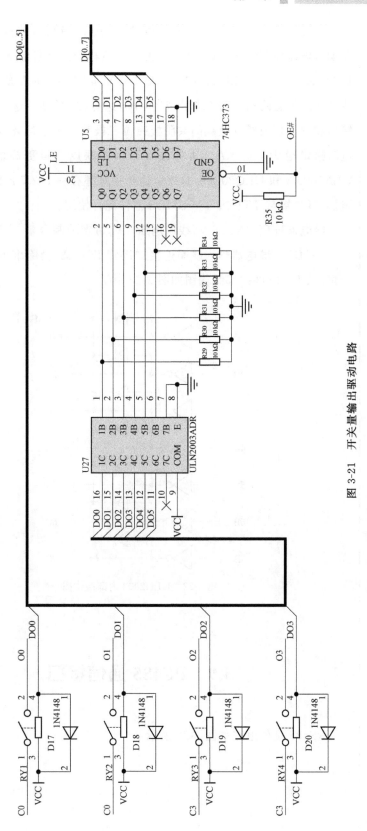

图 3-21　开关量输出驱动电路

开关量输出信号通过数据总线被 74HC373 锁存,并控制 ULN2003 驱动继电器控制输出。ULN2003 由 7 个达林顿晶体管组成,每路输出可达 50 mA/50 V。ULN2004A、ULQ2003A 和 ULQ2004A 是高压、大电流达林顿晶体管阵列。每个都由 7 个 npn 达林顿对组成,这些对具有高压输出和用于切换感性负载的共阴极钳位二极管。单个达林顿对的集电极电流额定值为 500 mA。达林顿对可以并联以获得更高的电流能力。ULN2003A 和 ULQ2003A 的每个达林顿对都有一个 2.7 kΩ 串联基极电阻器,可直接与 TTL 或 5 V CMOS 器件配合使用。

继电器选用 PA1a-5 V,线圈电压 5 V,额定控制容量(电阻负载):5 A AC/5 A DC。继电器输入线圈连接二极管 IN4148,消除继电器线圈电流干扰。ULN2003 内部结构图如图 3-22 所示。

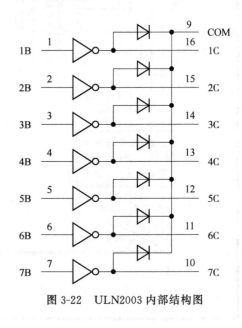

图 3-22    ULN2003 内部结构图

# 3.9    RS485 通信接口

RS485 硬件电路如图 3-23 所示。

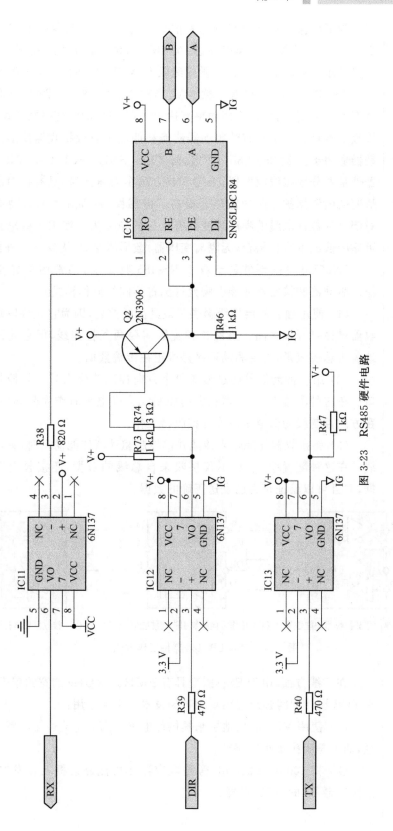

图 3-23　RS485 硬件电路

为了确保 RS485 通信速率并隔离外部信号,控制器采用 6N137 高速光耦,6N137 光耦转换速率高达 10 Mbit/s,完全满足 RS485 的通信需要。电路采用 SN65LBC184 差分数据线收发器,实现 RS485 信号输出。

SN65LBC184 器件是一款 5 V、半双工、RS-485 收发器,具有集成的瞬态电压抑制器,可在峰值功率高达 400 W 的高能瞬变时防止电路损坏。该收发器具有高电平有效驱动器使能和低电平有效接收器使能。差分驱动器适用于高达 250 kbit/s 的数据传输。SN75LBC184 和 SN65LBC184 器件是差分数据线收发器,采用 SN75176 的标准封装,具有针对高能噪声瞬变的内置保护。此功能显著提高了可靠性,从而在大多数现有设备上对耦合到数据电缆的噪声瞬变具有更好的免疫力。使用这些电路可提供可靠的低成本直接耦合(无隔离变压器)数据线接口,无须任何外部元件。

SN65LBC184 器件是半双工 RS-485 收发器,通常用于异步数据传输。驱动器和接收器使能引脚允许配置不同的操作模式。

(1)使用独立的启用线提供了最灵活的控制,因为它允许驱动器和接收器单独打开和关闭。虽然这种配置需要两条控制线,但它允许选择性地监听总线流量,无论驱动程序是否正在传输数据。

(2)组合使能信号通过形成单个方向控制信号来简化与控制器的接口。在这种配置中,收发器在方向控制线为高电平时作为驱动器工作,而在方向控制线为低电平时作为接收器工作。

(3)将接收器使能输入接地并仅控制驱动器使能输入时,只需要一根线。在这种配置中,节点不仅接收来自总线的数据,还接收它发送的数据,并且可以验证是否已发送正确的数据。

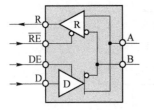 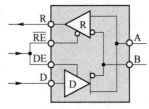 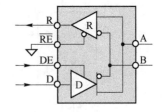

(a)独立驱动器和接收器使能信号　(b)用作方向控制引脚的使能信号　(c)接收器始终打开

图 3-24　SN65LBC184 器件工作方式

在布线方面,由于 ESD 瞬变具有 3 MHz~3 GHz 的宽频率带宽,因此在 PCB 设计期间必须应用高频布局技术。主要采用:

(1)使用 VCC 和接地层来提供低电感。高频电流遵循电感最小的路径,而不是阻抗最小的路径。

(2)将 100 nF~220 nF 旁路电容器尽可能靠近板上收发器、UART 或控制器 IC 的 VCC 引脚。

（3）使用至少两个过孔用于旁路电容的 VCC 和接地连接，以尽量减少有效过孔电感。

（4）使用 1 kΩ～10 kΩ 的上拉或下拉电阻作为使能线路，以在瞬态事件期间限制这些线路中的噪声电流。

SN65LBC184PCB 布线图如图 3-25 所示。

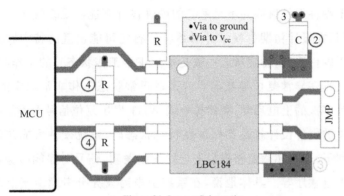

Figure 21. Layout Schematic

图 3-25    SN65LBC184 PCB 布线图

# 3.10    微控制器硬件设计要点

## 1. 低功耗设计

对于低功耗设计，通常的观点是在便携式电池供电的系统需要低功耗设计，有稳定外部电源供电的系统不需要考虑低功耗设计。实际上低功耗设计并不仅仅是为了省电，更多的好处在于降低了电源模块及散热系统的成本、由于电流的减小也减少了电磁辐射和热噪声的干扰。随着设备温度的降低，器件寿命则相应延长（半导体器件的工作温度每提高 10 ℃，寿命则缩短一半）。因此在设计时，在不增加成本的情况下，应该优先选择低功耗设计方法。

## 2. COMS 电路引脚设计

目前绝大多数芯片引脚都采用了 CMOS 技术，CMOS 电路属于电压控制器件，输入电阻极大，对干扰信号十分敏感。因此对于不用的 CMOS 引脚，如果是输出可以不用处理，如果是逻辑芯片的输入端则需要拉高或接地，如果是 MCU 的 I/O 脚则将其置为输出即可。如果 CMOS 输入引脚未正确处理,有可能在该引脚引起振荡或损坏芯片。CMOS 输入引脚加的电压信号一定不能超过芯片供电电压 VDD 或低于芯片接地端电压 VSS,超出或低于规定指标均会使输入端保护二极管正相电流过大,烧毁二极管。

### 3. 针对特定状态的设计

许多硬件系统瘫痪并不是系统的硬件设计不能满足系统正常的工作要求,而是在设计初期忽视了针对系统运行时可能出现的特定状态的考虑。对于硬件系统,特定状态一般是指除正常工作状态外的工作状态:上电、掉电、程序异常复位等状态。许多在正常状态工作非常稳定的系统,可能因为多次的上电启动、突然掉电或 WDT 发出复位信号而不能继续工作。完整的硬件设计就是要保证在特定状态时,系统硬件可能在没有程序的控制下,逻辑芯片能够提供安全的输出逻辑,信号时序能够保证系统正确的上电顺序等。具体地说,在系统上电时要充分考虑由于上电顺序的不正确,而引起的振荡、输出电流过大、总线逻辑冲突等,由此带来的芯片功能丧失或永久性损坏。系统突然掉电要保证 MCU 在低于正常工作电压前使其保持复位状态、保证总线接口或其他逻辑芯片 I/O 输出正确的信号或实施三态隔离。由 WDT 发出的复位信号使得系统在不掉电的情况下重新启动,硬件上要考虑 MCU 的 I/O 引脚周围模块的逻辑状态。

### 4. 信号完整性(SI)设计

通常认为高速电路需要考虑信号完整性设计。高速电路是指:数字逻辑电路的频率达到或者超过 45MHz,而且工作在这个频率之上的电路已经占到了整个电子系统一定的份量(比如说 1/3)。实际上,信号边沿的谐波频率比信号本身的频率高,是信号快速变化的上升沿与下降沿(或称信号的跳变)引发了信号传输的非预期结果。随着高速芯片在系统中的应用,高速芯片陡峭的上升沿和下降沿会影响信号的完整性。因此在硬件设计时,为了保证系统的可靠性,避免系统处在临界状态工作,需要对信号完整性设计加以重视。

信号完整性问题主要指信号的过冲和阻尼振荡现象,它们主要是 IC 驱动幅度和跳变时间的函数。实际上,即使布线拓扑结构没有变化,只要芯片速度变得足够快,现有设计也将处于临界状态或者停止工作。随着 IC 输出开关速度的提高,不管信号周期如何,几乎所有设计都遇到了信号完整性问题。信号完整性(SI)问题解决得越早,设计的效率就越高,从而可避免在电路板设计完成之后才增加端接器件。常规设计中导致信号完整性问题,主要出现在:传输线效应、串扰和电磁干扰等 3 个方面。其中传输线效应主要在 PCB 设计时传输线和接收端阻抗不匹配产生,引起振荡。串扰是由于长走线的平行线间或接收其他强电磁场的电磁耦合引起。电磁干扰在下面一节将详细叙述。现在解决 SI 的问题,有许多软件辅助解决,但更多的是靠硬件设计人员解决。

**5. 与抗电磁干扰有关的设计**

EMI(Electro-Magnetic Interference)即电磁干扰,产生的问题包含过量的电磁辐射及对电磁辐射的敏感性两方面。EMI 表现为当数字系统加电运行时,会对周围环境辐射电磁波,从而干扰周围环境中电子设备的正常工作。它产生的主要原因是电路工作频率太高以及布局布线不合理。PCB 是产生 EMI 的源头,所以 PCB 设计直接关系到电子产品的电磁兼容性(EMC)。

虽然电路是在板级工作的,但是它会对系统的其他部分辐射出噪声,从而产生系统级的问题。因此,硬件设计必须从板级设计开始就考虑抑制电子干扰。最经济有效的电磁兼容性设计方法,是在设计的早期阶段充分考虑评估电磁兼容性的要求(图 3-26)。在板级设计时,电磁兼容性的主要设计依据是:选择元件、设计电路和 PCB 布线,硬件设计通常要在体积、外观、成本和电磁兼容性设计间综合考虑,而作出选择。

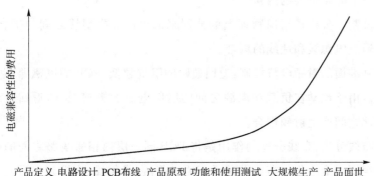

图 3-26　电磁兼容性的费用

(1) 元器件选择和电路设计

尽量采用表面贴装元件。电子元件从封装上分两种:有引脚和无引脚封装。电阻、电容、电感、二极管和集成电路元件均会影响电磁兼容性。从电磁兼容性分析:表贴元件效果最好,其次是放射状引脚元件,最后是轴向平行引脚的元件。微控制器是系统的核心,MCU 的电磁兼容性设计是整个系统最重要的部分。FMT810A 中使用的 MCU 引脚是高阻输入或混合输入/输出。高阻输入引脚易受噪声影响,因此硬件设计在非内部的输入引脚上有高阻抗连接每个引脚到地或到供电电平,确保一个可知的逻辑状态。中断对 MCU 操作有影响,它是元件中最敏感的引脚之一,设计中在 IRQ 线上连接电阻终端帮助减少静电释放、过冲和阻尼振荡。复位引脚是给系统启动提供可靠的复位时序,尽量使用专用的复位芯片保证复位信号的可靠。

图 3-27 所示的是 PCB 板元件采用表贴器件,在器件背部安装表贴电容,最大限度提高板卡的抗电磁干扰能力。

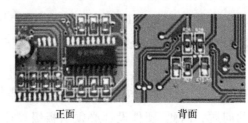

正面        背面

图 3-27　双面表面贴装电路设计

(2) 线路板布线技术

除了元器件选择和电路设计之外,良好的 PCB 布线在电磁兼容性中也是一个非常重要的因素。

分割。分割是指用物理上的分割来减少不同类型线之间的耦合,尤其是通过电源线和地线的耦合。

基准面的射频电流抑制:返回通路的阻抗越低,PCB 的电磁兼容性能越好。由于流动在负载和电源之间的射频电流的影响,长的返回通路将在彼此之间产生射频耦合。

布线分离:布线分离的作用是将 PCB 同一层内相邻线路之间的串扰和噪声耦合最小化。布线中遵循 3W 规范,在线与线、边沿到边沿间予以隔离;并将基准地布在关键信号附件以隔离其他信号线上产生的耦合噪声。

(3) 接地技术。接地技术的目标是最小化接地阻抗,以此减少从电路返回到电源之间的接地回路的电势。双层 PCB 使用地格栅/点阵布线,这种布线方式减少了接地阻抗、接地回路和信号环路。布线中对于敏感器件设计保护环,有效隔离环外的噪声干扰,同时也抑制了电磁放射较强的器件向外部辐射干扰。

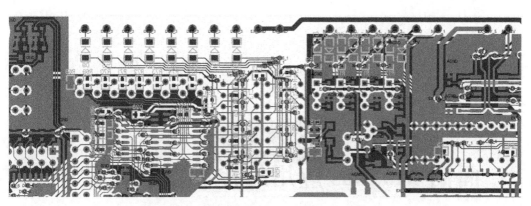

图 3-28　模拟地、数字地分裂覆地 PCB 设计

　　为了避免控制器内部数字信号和模拟信号相互干扰,在 PCB 覆地过程中,采用分裂地方式,即将数字地和模拟地独立覆地,同时直接将数字地、模拟地独立走线连接到电源地。

# 第 4 章
# 面向 Modbus 应用的控制器软件设计

前面章节介绍了 Modbus 控制器以 8051 单片机为控制中心的硬件设计，本章将介绍基于采用 Keil 开发平台的 8051 单片机控制器应用软件开发过程。

## 4.1　Keil 开发环境简介

Keil C51 是 Keil Software 公司出品的 51 系列兼容单片机 C 语言软件开发系统，与汇编语言相比，C 语言在功能上、结构性、可读性、可维护性上有明显的优势，因而易学易用。Keil 提供了包括 C 编译器、宏汇编、链接器、库管理和一个功能强大的仿真调试器等在内的完整开发方案，通过一个集成开发环境（μVision）将这些部分组合在一起。Keil 开发工具如图 4-1 所示。

图 4-1　Keil 开发工具

Keil μVision IDE 将项目管理、运行时环境、构建工具、源代码编辑和程序调试结合在一个强大的环境中。μVision 易于使用，可加速用户的嵌入式软件开发。μVision 支持多个屏幕，并允许用户在视觉界面的任何位置创建单独的窗口布局。

μVision 调试器提供了一个单一的环境，可以在其中测试、验证和优化用户的应用程序代码。调试器包括简单和复杂断点、监视窗口和执行控制等传统功能,并提供对设备外设的全面可见性。借助μVision项目管理器和运行环境,用户可以使用来自软件包的预构建软件组件和设备支持来创建软件应用程序。软件组件包含库、源模块、配置文件、源代码模板和文档。软件组件可以是通用的,以支持广泛的设备和应用程序。Keil开发界面如图4-2所示。

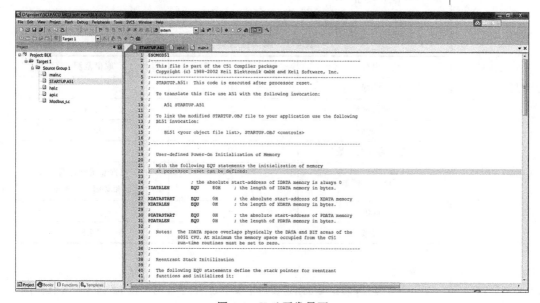

图 4-2　Keil 开发界面

# 4.2　Modbus 控制器指令定义

在开始 Modbus 控制器软件设计之前,先要制定控制器的 Modbus 指令,然后在 Keil 平台上利用 C 语言完成指令的设计与开发。

## 4.2.1　控制器用到的指令与通信协议

控制器支持 Modbus 协议,通信波特率为 9 600 bit/s,支持的 Modbus 指令列表如表 4-1 所示。

表 4-1　控制器支持的 Modbus 指令

| 功能码 | 功能设置 | 描述 |
| --- | --- | --- |
| 03 | 读保持寄存器 | 读模拟量输入、开关量输入 |
| 16 | 预置多寄存器 | 写开关量输出 |

## 4.2.2 读保持寄存器(0x03)

实现读取模拟量输入通道和数字量输入通道数据,指令格式如下:

[:][设备地址][功能码03][起始寄存器地址高8位][低8位][读取的寄存器数高8位][低8位][LRC][CR][LF]

读保持寄存器的指令内容如表4-2所示。

表4-2 读保持寄存器的指令内容

| 内容 | 占用字节个数 | 取值范围 |
|---|---|---|
| 前缀 | 1B | : |
| 设备地址 | 2B | 1~247 |
| 功能码 | 2B | 0x03 |
| 起始寄存器地址 | 4B | |
| 读取的寄存器数量 | 4B | $N$,1~5;(起始寄存器+$N$) 这个和必须小于等于5 |
| LRC | 2B | |
| 后缀 | 2B | CRLF |

响应:

[:][设备地址][功能码03][返回的字节个数][数据1高8位][数据1低8位]...[数据n][LRC][CR][LF]

读保持寄存器指令的应答内容如表4-3所示。

表4-3 读保持寄存器指令的应答内容

| 内容 | 占用字节个数 | 取值范围 |
|---|---|---|
| 前缀 | 1B | : |
| 设备地址 | 2B | 1~247 |
| 功能码 | 2B | 0x03 |
| 返回的字节个数 | 2B | $2 \times N$ |
| 数据 | 4B×$N$ | 数据以2B的形式,16进制表示 |
| LRC | 2B | |
| 后缀 | 2B | CRLF |

错误响应:不对错误作出响应。

## 4.2.3 预置多寄存器(0x10)

实现写入数字量输出通道数据,指令格式如下:

[:][设备地址][功能码16][起始寄存器地址高8位][低8位][写入的寄存器数高8位][低8位][写入字节个数][数据1高8位][数据1低8位]...[数据n][LRC][CR][LF]

预置多寄存器的指令内容如表4-4所示。

表 4-4　预置多寄存器的指令内容

| 内容 | 占用字节个数 | 取值范围 |
| --- | --- | --- |
| 前缀 | 1B | : |
| 设备地址 | 2B | 1～247 |
| 功能码 | 2B | 0x10 |
| 起始寄存器地址 | 4B | 105<br>105 表示寄存器 105 |
| 写入的寄存器数量 | 4B | $N$,1;(起始寄存器＋$N$)这个和<br>必须小于等于 106 |
| 字节个数 | 2B | 2 |
| 数据 | 4B×$N$ | |
| LRC | 2B | |
| 后缀 | 2B | CRLF |

响应：

[:][设备地址][功能码 16][起始寄存器地址高 8 位][低 8 位][写入的寄存器数高 8 位][低 8 位][LRC][CR][LF]

预置多寄存器指令的应答内容如表 4-5 所示。

表 4-5　预置多寄存器指令的应答内容

| 内容 | 占用字节个数 | 取值范围 |
| --- | --- | --- |
| 前缀 | 1B | : |
| 设备地址 | 2B | 1～247 |
| 功能码 | 2B | 16 |
| 起始寄存器地址 | 4B | 105<br>105 表示寄存器 105 |
| 写入的寄存器数量 | 4B | $N$,1;(起始寄存器＋$N$)这个和<br>必须小于等于 106 |
| LRC | 2B | |
| 后缀 | 2B | CRLF |

预置多寄存器指令的错误响应内容如表 4-6 所示。

表 4-6　预置多寄存器指令的错误响应内容

| 内容 | 占用字节个数 | 取值范围 |
| --- | --- | --- |
| 前缀 | 1B | : |
| 设备地址 | 2B | 1～247 |
| 功能码 | 2B | 0x83 |
| 返回代码 | 2B | 02:起始寄存器超出范围<br>03:(起始寄存<br>器＋$N$)值超过范围或收到不合法的字节 |
| 后缀 | 2B | CRLF |

# 4.3　Modbus 控制器寄存器定义

## 4.3.1　控制器寄存器类型

控制器的寄存器类型如下：

（1）16 位保持寄存器，存储 16 位整型数。

（2）双 16 位保持寄存器，存储 32 位单精度浮点数，IEEE754 格式。

寄存器被映射到 2 个实际物理器件，地址 4 000 以内的寄存器映射在 E2P 中，调电保存；地址为 4 000～4 500 的寄存器映射在 RAM，调电后丢失。

## 4.3.2　控制器寄存器定义

DDC 控制器寄存器定义如表 4-7 所示。

表 4-7　DDC 控制器寄存器定义

| 寄存器分类 | 地址设置 | 功能描述 | 字节长度与属性 |
|---|---|---|---|
| 保留 | 0～99 | 保留 | — |
| | 100～199 | 保留 | — |
| 特殊 | 200～202 | 设备信息（APC70 表示 APC70 设备） | 5byte,R（固化在程序区） |
| 显示区 1 | 1 000 | 显示效果 | 2byte,R/W |
| | 1 001 | 显示延时 | 2byte,R/W |
| | 1 002 | 字体颜色 | 2byte,R/W |
| | 1 003 | 显示优先级 | 2byte,R/W |
| | 1 004～1 058 | 显示内容（每个寄存器存储双字节国标码） | 2byte,R/W |
| 显示区 2 | 1 300 | 显示效果 | 2byte,R/W |
| | 1 301 | 显示延时 | 2byte,R/W |
| | 1 302 | 字体颜色 | 2byte,R/W |
| | 1 303 | 显示优先级 | 2byte,R/W |
| | 1 304～1 358 | 显示内容（每个寄存器存储双字节国标码） | 2byte,R/W |

续表

| 寄存器分类 | 地址设置 | 功能描述 | 字节长度与属性 |
|---|---|---|---|
| 显示区 3 | 1 600 | 显示效果 | 2byte,R/W |
| | 1 601 | 显示延时 | 2byte,R/W |
| | 1 602 | 字体颜色 | 2byte,R/W |
| | 1 603 | 显示优先级 | 2byte,R/W |
| | 1 604～1 658 | 显示内容(每个寄存器存储双字节国标码) | 2byte,R/W |
| 显示区 4 | 1 900 | 显示效果 | 2byte,R/W |
| | 1 901 | 显示延时 | 2byte,R/W |
| | 1 902 | 字体颜色 | 2byte,R/W |
| | 1 903 | 显示优先级 | 2byte,R/W |
| | 1 904～1 958 | 显示内容(每个寄存器存储双字节国标码) | 2byte,R/W |
| 日期时间 | 4 100 | 年 | 2byte,W,内存中 |
| | 4 101 | 月日 | 2byte,W,内存中 |
| | 4 102 | 时分 | 2byte,W,内存中 |
| | 4 103 | 秒星期 | 2byte,W,内存中 |
| 模拟量 0 算法参数 | 3 000～3 001 | 信号类型 1 电流 2 电压 | 4byte,R/W |
| | 3 002～3 003 | 运算规则 1 F1…4 F4 | 4byte,R/W |
| | 3 004～3 005 | K0 | 4byte,R/W |
| | 3 006～3 007 | K1 | 4byte,R/W |
| | 3 008～3 009 | K2 | 4byte,R/W |
| | 3 010～3 011 | K3 | 4byte,R/W |
| 模拟量 1 算法参数 | 3 020～3 021 | 信号类型 | 4byte,R/W |
| | 3 022～3 023 | 运算规则 | 4byte,R/W |
| | 3 024～3 025 | K0 | 4byte,R/W |
| | 3 026～3 027 | K1 | 4byte,R/W |
| | 3 028～3 029 | K2 | 4byte,R/W |
| | 3 030～3 031 | K3 | 4byte,R/W |
| 模拟量 2 算法参数 | 3 040～3 041 | 信号类型 | 4byte,R/W |
| | 3 042～3 043 | 运算规则 | 4byte,R/W |
| | 3 044～3 045 | K0 | 4byte,R/W |
| | 3 046～3 047 | K1 | 4byte,R/W |
| | 3 048～3 049 | K2 | 4byte,R/W |
| | 3 050～3 051 | K3 | 4byte,R/W |

| 寄存器分类 | 地址设置 | 功能描述 | 字节长度与属性 |
|---|---|---|---|
| 模拟量3<br>算法参数 | 3 060～3 061 | 信号类型 | 4byte,R/W |
| | 3 062～3 063 | 运算规则 | 4byte,R/W |
| | 3 064～3 065 | K0 | 4byte,R/W |
| | 3 066～3 067 | K1 | 4byte,R/W |
| | 3 068～3 069 | K2 | 4byte,R/W |
| | 3 070～3 071 | K3 | 4byte,R/W |
| 运算结果 | 4 000～4 001 | 通道0运算结果 | 4byte,R 内存中 |
| | 4 002～4 003 | 通道1运算结果 | 4byte,R 内存中 |
| | 4 004～4 005 | 通道2运算结果 | 4byte,R 内存中 |
| | 4 006～4 007 | 通道3运算结果 | 4byte,R 内存中 |
| 开关量 | 4 008 | 开关量输入信号 | 2byte,R 内存中 |
| | 4 009 | 开关量输出信号 | 2byte,W 内存中 |

# 4.4  控制器通信程序设计

控制器的 Modbus 指令定义、寄存器定义完成后,可以开始相关的程序设计。本控制器利用内部的串口模块实现 Modbus 通信。

## 4.4.1  控制器串口模块程序设计

主机程序设计:

```
void m ain(void)
{
SCON=0xF0;              /* uart in mode 3(9 bit),REN=1*/
SADDR=0x01;             /* local address*/
SADEN=0xFF;             /* address mask*/
TMOD=TMOD|0x20;         /* Timer 1 in mode 2*/
TH1=0xFD;               /* 9600 Bds at 11.059 MHz*/
TL1=0xFD;               /* 9600 Bds at 11.059 MHz*/
ES=1;                   /* Enable serial interrupt*/
EA=1;                   /* Enable global interrupt*/
```

```
TR1=1;
while(1)

{
while(P3_2);
while(! P3_2);
P3_2(INT0)=0*/
P3_2(INT0)=1*/

TB8=1;
TxOK=1;
SBUF=0x03;
while(TxOK);                              /* wait the stop bit transmition*/
TB8=0;
TxOK=1;
SBUF=exemple_send_data;
while(TxOK);
}
}
void serial_IT(void)interrupt 4
{
if(TI==1)
{
TI=0;
TxOK=0;
}
if(RI==1)
{
RI=0;
if(RB8)SM2=0;
else
{
uart_data=SBUF;                          /* Read receive data*/
SM2=1;
}
}
}
```
从机程序设计：

```
#include"reg_c51.h"
char uart_data;
bit TxOK=0;
bit echo=0;

void main(void)
{
SCON=0xF0;              /* uart in mode 3(9 bit),REN=1*/
SADDR=0x03;             /* local address*/
SADEN=0xFF;             /* address mask*/
TMOD=TMOD|0x20;         /* Timer 1 in mode 2*/
TH1=0xFD;               /* 9600 Bds at 11.059 MHz*/
TL1=0xFD;               /* 9600 Bds at 11.059 MHz*/
ES=1;                   /* Enable serial interrupt*/
EA=1;                   /* Enable global interrupt*/
TR1=1;                  /* Timer 1 run*/

while(1)
{
while(! echo);
echo=0;
TB8=1;
TxOK=1;
SBUF=0x01;
while(TxOK);
TB8=0;
TxOK=1;
SBUF=uart_data;
while(TxOK);
}
}
void serial_IT(void)interrupt 4
{
if(TI==1)
{
TI=0;
TxOK=0;
}
```

```
if(RI==1)
{
RI=0;
if(RB8)SM2=0;
else

{
uart_data=SBUF;
SM2=1;
echo=1;
}
}
}
```

# 4.4.2　控制器 Modbus 通信程序设计

在完成串口通信程序设计后,就可以开始控制器的 Modbus 通信程序设计。Modbus 通信应用程序处理流程图如图 4-3 所示。

根据应用需求设计以下函数:

(1) LRC 校验

完成对 Modbus 帧的数据校验。

unsigned char lrc(unsigned char* str,int lenth)

(2) 建立 Modbus 帧

根据 Modbus 协议规范,构造建立 Modbus 帧。

void construct_modbus_frm(unsigned char* dst_buf, unsigned char* src_buf,unsigned char lenth)

(3) 读取保持寄存器(0x03)

发送读取保持寄存器 Modbus 指令。

int modbus_read_hldreg(unsigned char board_adr,unsigned char* com_buf,int start_address,int lenth)

(4) 设置保持寄存器(0x10)

发送写保持寄存器 Modbus 指令。

int modbus_set_hldreg(unsigned char board_adr,unsigned char* com_buf,int start_address,unsigned int value)

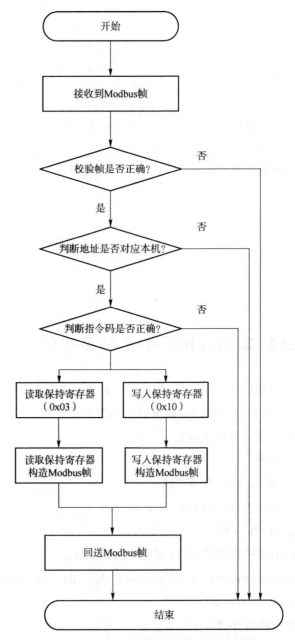

图 4-3　Modbus 通信应用程序处理流程图

（5）读取 Modbus 帧并分析

读取 Modbus 帧并分析、校验，完成相应处理。

int modbus_data_anlys（int* dest_p，char* source_p，int data_start_address，uchar ModuleAddress）

## 4.5 控制器 A /D 转换程序设计

控制器选用 MCP3204 器件完成 A/D 转换。MCP3204 器件的通信接口为 SPI 接口,A/D 最大转换速率为 200 ksps。AT89S51 在 A/D 操作中作为 SPI 主机,通过 MOSI 发送、MISO 接收 MCP3204 的数据。MCP3204 支持的串行数据格式如图 4-4 所示。

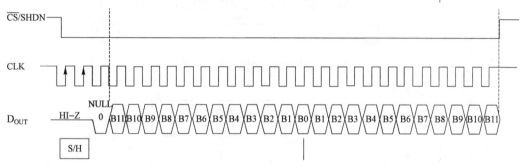

图 4-4    MCP3204 接口时序图

A/D 转换器将在 CS 的下降沿退出休眠模式。然后在 CLK 的第一个上升沿启动转换。在接下来的 1.5 个 CLK 周期内,转换器对输入信号进行采样。采样周期在 CLK 下降沿的 1.5 个 CLK 周期结束时停止,并且 DOUT 也从 HI-Z 状态变为空状态。在发送空位之后,A/D 转换器将通过在每个随后的时钟下降沿移出转换数据来做出响应。首先输出最高有效位。微控制器提供 CS 和 CLK 信号和 A/D 转换器响应 DOUT 上的位数据。

图 4-5 为 MCP3204 SPI 读写时序图,从初始 NULL 位开始,位 B11、B10、B9…B0 被移出 A/D 转换器。在位 B0 之后,进一步的 CLK 下降沿将导致 A/D 转换器以与初始位序列相反的顺序移出位 B1…B11。持续的 CLK 将在 B11 之后移出零,直到 CS 返回高电平以表示转换结束。在 CS 的上升沿,DOUT 将变为 HI-Z 状态。设备从 A/D 转换器接收数据可以使用 CLK 的低到高沿来验证(或锁存)DOUT 处的 A/D 转换器位数据。

8051 指令集提供位操作以允许使用 I/O 引脚作为 A/D 转换器的串行主机。通过手动切换 I/O 引脚和读取生成的 A/D 转换器 DOUT 位,设计人员可以自由使用任何可以提供需要的功能。

控制器的 A/D 模块 SPI 总线读写流程图如图 4-6 所示。主要流程如下:首先设置 SPI 的时钟速率,然后在 SPCR 寄存器中设置为主机模式,选中 MCP3204,向发送寄存器中写入数据,启动 SPI 数据传输,查询 SPIF 寄存器等待数据发送结束,然后释放 MCP3204。

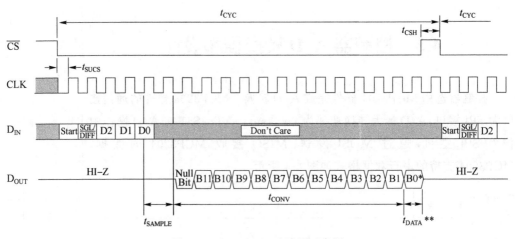

图 4-5 MCP3204 SPI 读写时序图

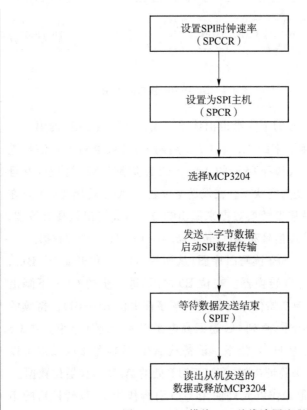

图 4-6 A/D 模块 SPI 总线读写流程图

控制器的模拟量读取计算流程如图 4-7 所示。程序设计思路是：连续读取 10 组 A/D 数据，然后根据设定的输入信号类型、量程变换关系，计算模拟量值，对获取的数据进行软件滤波，最后将模拟量数据储存到 Modbus 寄存器中。

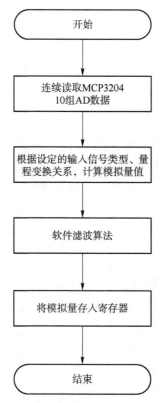

图 4-7　模拟量读取计算流程图

```
unsigned int ADC(unsigned char channel){
    unsigned char xdata i,j;
    unsigned int xdata k;

    if(channel>3)return(0xffff);
    AD_cs=1;
    AD_clk=0;
    AD_di=1;

    j=0x80;
    channel=channel*16;
    j=j|channel;

    AD_cs=0;
    AD_clk=1;
    AD_clk=0;
    for(i=0;i<4;i++){
        if(j&0x80)AD_di=1;
```

```
            else AD_di=0;
            AD_clk=1;
            j=j<<1;
            AD_clk=0;
        }

        AD_clk=1;
        AD_clk=0;

        k=0;
        for(i=0;i<12;i++){
            AD_clk=1;
            k=k<<1;
            AD_clk=0;
            if(AD_do)k=k|0x01;
        }

        AD_cs=1;
        return(k);
}

#define SAMPLE_NUMBER 15//范围 3~15
unsigned int ReadADC(unsigned char channel){

    uint xdata ary[SAMPLE_NUMBER];
    uint xdata j;
    uchar xdata i;

    for(i=0;i<SAMPLE_NUMBER;i++)ary[i]=ADC(channel);

for(i=0;i<SAMPLE_NUMBER-1;i++)
{
if(ary[i+1]<ary[i]){
j=ary[i+1];
ary[i+1]=ary[i];
ary[i]=j;
}
}
for(i=0;i<SAMPLE_NUMBER-2;i++)
{
if(ary[i+1]>ary[i]){
```

```
j=ary[i+1];

ary[i+1]=ary[i];

ary[i]=j;

}

}

    j=0;

    for(i=0;i<SAMPLE_NUMBER-2;i++)j+=ary[i];


    return(j/(SAMPLE_NUMBER-2));

}
```

# 4.6　控制器时钟程序设计

　　控制器选用 PCF8563 时钟芯片,完成时间应用。PCF8563 采用 I2C 总线接口,有 16 个 8 位寄存器。AT89S51 对于 I2C 通信的处理是基于状态标志进行的,不同的模式之间具有相通的分析方法,控制器采用主发送和主接收模式。图 4-8 所示为 AT89S51 控制器的 I2C 主模式初始化流程。

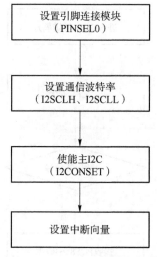

图 4-8　AT89S51 I2C 主模式初始化流程

　　图 4-9 所示为 AT89S51 从 PCF8563 读数据 I2C 总线应答过程,这个过程是 I2C 总线的标准通信过程,主要是每组数据发出后,主机会等待一个 ACK 应当信号,判断从机是否正确应答和接收。

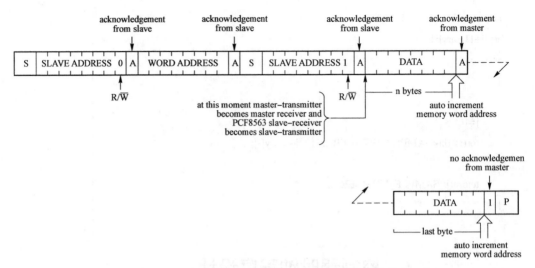

图 4-9　AT89S51 从 PCF8563 读数据 I2C 总线应答

　　从 PCF8563 读数据程序流程如图 4-10 所示，AT89S51 首先设置为进入 I2C 的主发送模式，然后发出对应的 PCF8563 地址，等待应答，获取 PCF8563 数据，结束本次通信。

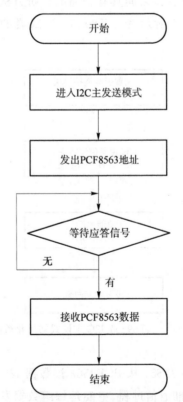

图 4-10　从 PCF8563 读数据程序流程

```
///////////////////////////////////////////////
//I2C//
///////////////////////////////////////////////
void I2CStart();
void I2CStop();
bit WaitAck();
void SendAck();
void I2CSendByte(unsigned char ch);                //I2C 发送数据
unsigned char I2CReceiveByte();                    //I2C 接收数据

bool ReadI2C(uint address,uchar count,uchar * buff)
{
uchar xdata i,MSB,LSB;

I2CStart();
I2CSendByte(0xA0);
if(WaitAck()==false){return(false);}

LSB=address&0x00FF;
MSB=(address&0xFF00)/256;

I2CSendByte(MSB);
if(WaitAck()==false){return(false);}
I2CSendByte(LSB);
if(WaitAck()==false){return(false);}

I2CStart();
I2CSendByte(0xA1);
if(WaitAck()==false){return(false);}
for(i=0;i<count;i++)
{
 * buff=I2CReceiveByte();
buff++;
if(i! =count-1)SendAck();        //除最后一个字节外,其他都要从 MASTER 发应答
}

I2CStop();

return(true);
}
```

```
bool WriteI2C(uint address,uchar dat)
{
uchar MSB,LSB;

I2CStart();
I2CSendByte(0xA0);
if(WaitAck()==false)return(false);

LSB=address&0x00FF;
MSB=(address&0xFF00)/256;

I2CSendByte(MSB);
if(WaitAck()==false)return(false);
I2CSendByte(LSB);
if(WaitAck()==false)return(false);

I2CSendByte(dat);
if(WaitAck()==false)return(false);
I2CStop();

return(true);
}
```

# 4.7　控制器外置显示屏应用程序设计

为了实现大屏的显示应用,控制器设计了外接 LED 点阵屏的应用程序,通过 RS232 接口与外接 LED 点阵屏通信。

## 4.7.1　外接显示屏通信协议

采用 RS232 接口,波特率:9600,通信数据格式:1 个起始位,1 个停止位,8 个数据位,无校验位。指令格式:前缀＋功能码＋指令内容。指令前缀:51H、15H、ADH、DAH。

（1）发送显示内容指令

发送显示内容指令如表 4-8 所示。

表 4-8　发送显示内容指令

| 指令 | 编号 | 长度(B) | 内容 |
|---|---|---|---|
| 功能码 | C | 1 | 01H |
| 指令内容 | D1 | 1 | 幅号 |
| | D2 | 1 | 移动方式 |
| | D3 | 1 | 显示停留时间 |
| | D4 | 1 | 显示颜色(00H:红色;01H:黄色;02H:绿色) |
| | D5 | 1 | 发送显示内容字节数 |
| | D6 | 1~8 | 显示内容 |

备注:幅号的定义从 0 到 15,最多显示 16 幅信息。移动显示方式共
17 种:0—左移,1—右移,2—上移,3—下移,4—左卷,5—右卷,6—上卷,
7—下卷,8—向上下卷屏,9—向左右卷屏,10—上下向中间卷屏,11—左
右向中间卷屏,12—清屏后左移,13—清屏后右移,14—向左右移,15—左
右移向中间,16—替代。显示内容每幅最多 8 个字符,空格和小数点分别
为 00H,01H;其他数字、字母和汉字为双字节国标码。

（2）发送显示指令

发送显示指令如表 4-9 所示。

表 4-9　发送显示指令

| 指令 | 编号 | 长度(B) | 内容 |
|---|---|---|---|
| 功能码 | C | 1 | 02H |
| 指令内容 | D1 | 1 | 8~15 幅显示指令 |
| | D2 | 1 | 0~7 幅显示指令 |

备注:D1——(F15,F14,F13,F12,F11,F10,F9,F8),D2——(F7,
F6,F5,F4,F3,F2,F1,F0),F0:对应第 0 幅;F1:对应第 1 幅;Fn:对应第 n
幅,n 最大为 15。相应位上为 0 表示不显示,为 1 显示。

（3）发送清除命令（命令字:03H）时,清除暂存在显示屏上的所有显
示内容。后不带其他字符。

（4）条屏显示器返回:上位机下发的功能码(表示正确),CCH 表示
错误。

## 4.7.2 外接显示屏程序设计

AT89S51与外置显示屏的串口通信流程按照设置串口波特率、设置串口工作模式,然后检查对应的串口寄存器的状态字,查询通信状态,并完成相应的通信应用程序处理。流程图如图 4-11 所示。

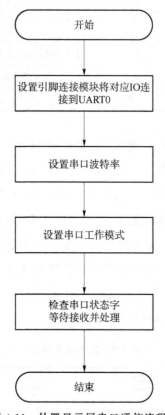

图 4-11　外置显示屏串口通信流程图

图 4-12 所示为外置条屏显示器程序流程图。控制器先读取内部的RAM 寄存器中外接条屏显示与控制参数,对需要显示的特殊符号做变换,然后根据 RAM 寄存器定义来读取不同的显示数据,计算需要显示内容的长度,发送相应的显示指令到条屏显示器,等待条屏显示器的应答指令,如果有应答就进行相应的处理,完成本次外置条屏显示器的通信。

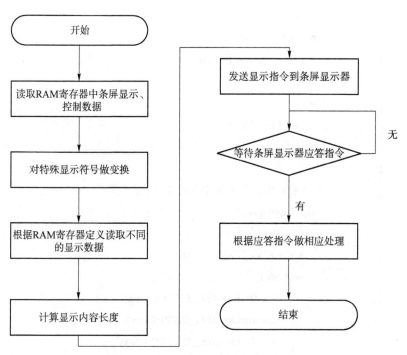

图 4-12　外置显示器应用程序流程图

软件的函数和程序代码如下：

```c
uchar task3(void)
{
    uchar xdata err,i,j,k,p,q,m;
    uchar xdata ary[256],bufprio[4],buf[50];
    uint xdata addr,opendispbit,ch,n;
    int xdata num;
    uchar xdata ledfla_ch;

    //1-初始化
    //LED_CLR();
    opendispbit=0;

    //2 读取消息显示方式控制字
    for(i=0;i<4;i++){
        addr=REG_DISP0/2+300*i+3;
        ReadE2P(addr*2,2,&ary[i*2]);
        bufprio[i]=ary[i*2]*256+ary[i*2+1];
    }
```

```
//2.1 立即显示
/ *for(i=0;i<4;i++){
    if(2==bufprio[i])break;
}
if(i<4){
    err=LED_DISP(0);
} */


//3-刷新消息显示,每4个显区为一个显示单元
for(q=0;q<4;q++){
    //2.1 读 Q 区显存
    addr=REG_DISP0/2+300 *i;
    switch(q){
        case 0:addr=REG_DISP0/2;break;
        case 1:addr=REG_DISP1/2;break;
        case 2:addr=REG_DISP2/2;break;
        case 3:addr=REG_DISP3/2;break;
    }
    num=59;
    ReadE2P(addr *2,num *2,ary);
    //2.2 生成显示数据
    //2.2.1 解释特殊符号
    for(i=8;i<118;i++){
        //出现特殊符号做转换
        if(0xA3==ary[i]){//&AI
            if((0xA6==ary[i+1])&&(0xA3==ary[i+2])
            &&(0xC1==ary[i+3])
            &&(0xA3==ary[i+4])&&(0xC9==ary[i+5]))
            {
                ch=((uint)ary[i+6] *256+ary[i+7]-0xA3B0) *10;
                ch=ch+((uint)ary[i+8] *256+ary[i+9]-0xA3B0);
                switch(ch){
                    case 0:{
                        Trans_TenMuxtoGB(G_AI[0] *10,&ary[i]);break;
                    }
                    case 1:{
                        Trans_TenMuxtoGB(G_AI[1] *10,&ary[i]);break;
```

```
                }
            case 2:{
                Trans_TenMuxtoGB(G_AI[2] *10,&ary[i]);break;
            }
            case 3:{
                Trans_TenMuxtoGB(G_AI[3] *10,&ary[i]);break;
            }
        }
    }
}


if(0xA3 = = ary[i]){//&T
    if((0xA6 = = ary[i+1])&&(0xA3 = = ary[i+2])
    &&(0xD4 = = ary[i+3]))
    {

        m=0;
Trans _ UInt16toGB (G _ RAMREG [REG _ DATETIME-4000  * 2]  * 256 + G _
RAMREG[REG_DATETIME-4000 *2+1],4,&ary[i]);
        m=8;ary[i+m]=0xC4;m=9;ary[i+m]=0xEA;

        //月
Trans _ UInt16toGB (G _ RAMREG [REG _ DATETIME-4000  * 2 + 2]  * 256 + G _
RAMREG[REG_DATETIME-4000 *2+3],4,buf);
        if(0xb0 = = buf[1]){
            m=10;ary[i+m]=buf[2];m=11;ary[i+m]=buf[3];
        }
        else{
            m=10;ary[i+m]=buf[0];m=11;ary[i+m]=buf[1];
            m=12;ary[i+m]=buf[2];m=13;ary[i+m]=buf[3];
        }
        m++;ary[i+m]=0xD4;m++;ary[i+m]=0xC2;
        //日
        if(0xb0 = = buf[4+1]){
            m++;ary[i+m]=buf[4+2];m++;ary[i+m]=buf[4+3];
        }
        else{
```

```
                        m++;ary[i+m]=buf[4+0];m++;ary[i+m]=buf[4+1];
                        m++;ary[i+m]=buf[4+2];m++;ary[i+m]=buf[4+3];
                    }
                m++;ary[i+m]=0xc8;m++;ary[i+m]=0xd5;


                m++;ary[i+m]=0xA1;m++;ary[i+m]=0xA1;          //空格
            //时
    Trans_UInt16toGB(G_RAMREG[REG_DATETIME-4000*2+4]*256+G_
RAMREG[REG_DATETIME-4000*2+5],4,buf);
                m++;ary[i+m]=buf[0];m++;ary[i+m]=buf[1];
                m++;ary[i+m]=buf[2];m++;ary[i+m]=buf[3];
                m++;ary[i+m]=0xA3;m++;ary[i+m]=0xBA;//:
            //分
                m++;ary[i+m]=buf[4+0];m++;ary[i+m]=buf[4+1];
                m++;ary[i+m]=buf[4+2];m++;ary[i+m]=buf[4+3];
                m++;ary[i+m]=0xA3;m++;ary[i+m]=0xBA;


            //秒
    Trans_UInt16toGB(G_RAMREG[REG_DATETIME-4000*2+6]*256+G_
RAMREG[REG_DATETIME-4000*2+7],4,buf);
                m++;ary[i+m]=buf[0];m++;ary[i+m]=buf[1];
                m++;ary[i+m]=buf[2];m++;ary[i+m]=buf[3];
                m++;ary[i+m]=0xA1;m++;ary[i+m]=0xA1;          //空格


            //星期
                m++;ary[i+m]=0xD0;m++;ary[i+m]=0xC7;
                m++;ary[i+m]=0xc6;m++;ary[i+m]=0xda;
                switch(buf[4+3]){
                    case 0xb2:{m++;ary[i+m]=0xd2;m++;ary[i+m]=0xbb;break;}
                    case 0xb3:{m++;ary[i+m]=0xb6;m++;ary[i+m]=0xfe;break;}
                    case 0xb4:{m++;ary[i+m]=0xc8;m++;ary[i+m]=0xfd;break;}
                    case 0xb5:{m++;ary[i+m]=0xcb;m++;ary[i+m]=0xc4;break;}
                    case 0xb6:{m++;ary[i+m]=0xce;m++;ary[i+m]=0xe5;break;}
                    case 0xb7:{m++;ary[i+m]=0xc1;m++;ary[i+m]=0xf9;break;}
                    case 0xb1:{m++;ary[i+m]=0xc8;m++;ary[i+m]=0xd5;break;}
                }
                m++;ary[i+m]=0x0d;m++;ary[i+m]=0x0d;   //&T 后面的显示
                                                          内容忽略
```

```
        }

      }

    }

    //2.2.2 判断显示长度
    for(i=8;i<118;i++){
        if(13==ary[i]){
            break;
        }
    }

    //2.2.3 计算长度
    num=(i-8);
    p=8;

    //2.3-刷新 4 组条屏缓存显示
    if(num){
        for(k=0;k<4;k++){
            G_LEDBUFx.ch=q *4+k;
            G_LEDBUFx.movemode=ary[0] *256+ary[1];
            G_LEDBUFx.stay=ary[2] *256+ary[3];
            G_LEDBUFx.color=ary[4] *256+ary[5];

            if(num>16)G_LEDBUFx.num=16;
            else G_LEDBUFx.num=num;

            for(j=0;j<G_LEDBUFx.num;j++){G_LEDBUFx.dat[j]=ary[p];p++;}
            for(;j<16;j++)G_LEDBUFx.dat[j]=0;

            G_LEDBUFx.num=16;

            //校验判断是否要刷新条屏
            ledfla_ch=q *4+k;
        if(G_LEDBUFFLASHx[ledfla_ch].movemode!=G_LEDBUFx.movemode)G_
LEDBUFFLASHx[ledfla_ch].needflash=1;
```

```
        if(G_LEDBUFFLASHx[ledfla_ch].stay! = G_LEDBUFx.stay)G_LEDBUFFLASHx
[ledfla_ch].needflash = 1;
        if(G_LEDBUFFLASHx[ledfla_ch].color! = G_LEDBUFx.color)G_LEDBUFFLASHx
[ledfla_ch].needflash = 1;
        if(G_LEDBUFFLASHx[ledfla_ch].num! = G_LEDBUFx.num)G_LEDBUFFLASHx
[ledfla_ch].needflash = 1;
                for(j = 0;j<16;j++){
                    if(G_LEDBUFFLASHx[ledfla_ch].dat[j]! = G_LEDBUFx.dat[j])
                    {
                        G_LEDBUFFLASHx[ledfla_ch].needflash = 1;
                        break;
                    }
                }

                if(G_LEDBUFFLASHx[ledfla_ch].needflash)
                {
                    G_LEDBUFFLASHx[ledfla_ch].movemode = G_LEDBUFx.movemode;
                    G_LEDBUFFLASHx[ledfla_ch].stay = G_LEDBUFx.stay;
                    G_LEDBUFFLASHx[ledfla_ch].color = G_LEDBUFx.color;
                    G_LEDBUFFLASHx[ledfla_ch].num = G_LEDBUFx.num;
        for(j = 0;j<16;j++)G_LEDBUFFLASHx[ledfla_ch].dat[j] = G_LEDBUFx.dat[j];
        G_LEDBUFFLASHx[ledfla_ch].needflash = ! LED_BUFxWR(G_LEDBUFx);
//刷新显示内存
                }

                num = num-16;
                opendispbit = opendispbit+pow(2,k+q *4);
                if(num<1)break;
            }
        }
    }

//4 控制消息显示方式:2-立即消息显示、1-循环显示、0-不显示
n = 0;
if(2 = = bufprio[0])n = n+0xf;
if(2 = = bufprio[1])n = n+0xf0;
if(2 = = bufprio[2])n = n+0xf00;
```

```
if(2= =bufprio[3])n=n+0xf000;
if(n>0)opendispbit=opendispbit&n;
else{
    n=0xffff;
    if(0= =bufprio[0])n=n&0xfff0;
    if(0= =bufprio[1])n=n&0xff0f;
    if(0= =bufprio[2])n=n&0xf0ff;
    if(0= =bufprio[3])n=n&0x0fff;
    opendispbit=opendispbit&n;
}
    /*
//1-显示温度
G_LEDBUFx.ch=0;
G_LEDBUFx.movemode=0;
G_LEDBUFx.stay=1;
G_LEDBUFx.color=2;
G_LEDBUFx.num=15;                      //温度_23.5℃湿度_41.8%


G_LEDBUFx.dat[0]=0xce;
G_LEDBUFx.dat[1]=0xc2;
G_LEDBUFx.dat[2]=0xb6;
G_LEDBUFx.dat[3]=0xc8;                 //温度
Trans_TenMuxThermtoGB(G_therm,&G_LEDBUFx.dat[4]);
G_LEDBUFx.dat[13]=0xa1;                //
G_LEDBUFx.dat[14]=0xe6;                //摄氏度
err=LED_BUFxWR(G_LEDBUFx);            //刷新显示内存


//2-显示湿度
G_LEDBUFx.ch=1;
G_LEDBUFx.movemode=0;
G_LEDBUFx.stay=1;
G_LEDBUFx.color=2;
G_LEDBUFx.num=15;                      //湿度_41.8%


G_LEDBUFx.dat[0]=0xCA;
G_LEDBUFx.dat[1]=0xAA;
G_LEDBUFx.dat[2]=0xb6;
```

```
        G_LEDBUFx.dat[3]=0xc8;                    //湿度
Trans_TenMuxThermtoGB(G_humidity,&G_LEDBUFx.dat[4]);
        G_LEDBUFx.dat[13]=0xa3;                   //
        G_LEDBUFx.dat[14]=0xA5;                   //百分度
        err=LED_BUFxWR(G_LEDBUFx);                //刷新显示内存


//3-显示日期、星期、时间
        G_LEDBUFx.ch=2;
        G_LEDBUFx.movemode=0;
        G_LEDBUFx.stay=0;
        G_LEDBUFx.color=2;
        G_LEDBUFx.num=16;                         //2009 年
        G_LEDBUFx.dat[0]=0xa3;
        G_LEDBUFx.dat[1]=0xb0+2;
        G_LEDBUFx.dat[2]=0xa3;
        G_LEDBUFx.dat[3]=0xb0+0;
        G_LEDBUFx.dat[4]=0xa3;
        G_LEDBUFx.dat[5]=0xb0+1;
        G_LEDBUFx.dat[6]=0xa3;
        G_LEDBUFx.dat[7]=0xb0+0;
        G_LEDBUFx.dat[8]=0xc4;
        G_LEDBUFx.dat[9]=0xea;                    //年
        G_LEDBUFx.dat[10]=0xa3;
        G_LEDBUFx.dat[11]=0xb0+0;
        G_LEDBUFx.dat[12]=0xa3;
        G_LEDBUFx.dat[13]=0xb0+1;
        G_LEDBUFx.dat[14]=0xd4;
        G_LEDBUFx.dat[15]=0xc2;                   //月
err=LED_BUFxWR(G_LEDBUFx);                        //刷新显示内存


        G_LEDBUFx.ch=3;
        G_LEDBUFx.movemode=0;
        G_LEDBUFx.stay=0;
        G_LEDBUFx.color=2;
        G_LEDBUFx.num=16;
        G_LEDBUFx.dat[0]=0xa3;
        G_LEDBUFx.dat[1]=0xb0+0;
```

```
        G_LEDBUFx.dat[2]=0xa3;
        G_LEDBUFx.dat[3]=0xb0+4;
        G_LEDBUFx.dat[4]=0xc8;
        G_LEDBUFx.dat[5]=0xd5;                      //日
        G_LEDBUFx.dat[6]=0xd0;
        G_LEDBUFx.dat[7]=0xc7;
        G_LEDBUFx.dat[8]=0xc6;
        G_LEDBUFx.dat[9]=0xda;
        G_LEDBUFx.dat[10]=0xd2;
        G_LEDBUFx.dat[11]=0xbb;                     //星期一
        G_LEDBUFx.dat[12]=0xa3;
        G_LEDBUFx.dat[13]=0xb0+1;
        G_LEDBUFx.dat[14]=0xa3;
        G_LEDBUFx.dat[15]=0xb0+5;
        err=LED_BUFxWR(G_LEDBUFx);           //刷新显示内存

        G_LEDBUFx.ch=4;
        G_LEDBUFx.movemode=0;
        G_LEDBUFx.stay=0;
        G_LEDBUFx.color=2;
        G_LEDBUFx.num=6;
        G_LEDBUFx.dat[0]=0xa3;
        G_LEDBUFx.dat[1]=0xba;
        G_LEDBUFx.dat[2]=0xa3;
        G_LEDBUFx.dat[3]=0xb0+0;
        G_LEDBUFx.dat[4]=0xa3;
        G_LEDBUFx.dat[5]=0xb0+5;
err=LED_BUFxWR(G_LEDBUFx);           //刷新显示内存
*/
    if(G_LEDBUFFLASHx_opendispbit! =opendispbit)
    {
        err=! LED_DISP(opendispbit);//+BIT1+BIT2+BIT3+BIT4);   //驱动显示
        if(0= =opendispbit)err=! LED_CLR();
        if(0= =err)G_LEDBUFFLASHx_opendispbit=opendispbit;
    }

    return(1);

}
```

# 4.8 控制器的可编程与组态功能设计

可编程和组态功能是先进的控制功能，为了适应不同应用场景的需求，提高控制器的适应性和灵活性，Modbus 控制器设计了可编程与组态功能模块。具体工作流程是，控制器通过检测读取上位机下发的编程与组态数据后，加载到内存，重新配置运行参数，从程序存储器的算法库中调用算法模块，以任务调度的形式完成编程组态功能模块的执行。

## 4.8.1 控制器显示组态设计

显示组态包括显示区的配置参数和显示内容组成，其中显示区的配置参数主要包括显示区块、显示效果、字体颜色、显示延时等参数组成，显示内容采用字母和汉字为双字节国标码，其中涉及通道、时钟等特殊标识符：

&AIxx　　　显示 x 通道数据

&T　　　　显示总线上收到的时间信息，该标识符后面内容全部被忽略

特别要注意的是：

（1）每条显示内容最多编辑 55 个双字节国标码，如不足 55 个国标码当出现十六进制 13 时即 ASCII 回车符号，表明显示内容结束。

（2）显示屏显示每条内容最多显示 32 个双字节国标码。

（3）模拟量显示格式，占用 5 个双字节国标码："符号位"＋"十位"＋"个位"＋"."＋"小数"。

示例：

可燃气体浓度 &AI00％

备注：

每个显示区由 59 个双字节组成，其中前 4 个为显示控制字，后 55 个为显示内容。

图 4-13 所示为显示编程组态程序流程图。主要过程如下：控制器读取显示组态信息，判断是否有需要显示的任务，如果有显示任务，控制器先读取显示区的配置参数信息，然后根据显示指令读取对应的模拟量数据信息，之后读取相应的显示内容信息，生成显示屏配置参数数据包和显示内容数据，数据包生成后发出显示屏的显示配置指令，等待显示屏应答，当显示屏发出响应指令后，控制器发出显示内容指令，直到显示屏正确应答后，本次显示通信结束。

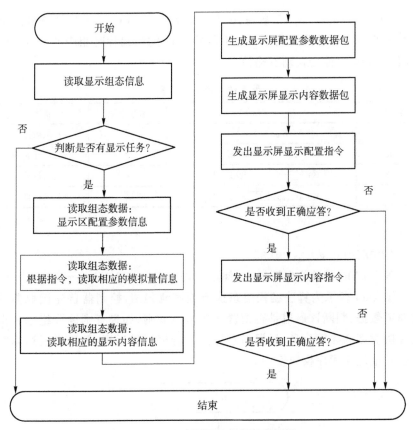

图 4-13　显示编程组态程序流程图

## 4.8.2　控制器的算法可编程设计

算法编程指令：

命令字符：AInMm[FfKa,b,c,d]

功能：设定模拟量输入通道的工作模式。

说明：

"AIn"中 AI 为标志符号，n 为通道号，n 的取值不能超过该前端的最大模入通道号。在用于设置多个通道具有相同的工作模式时，n 的表达还有下述两种形式：(1)"AIa,b,c..,n"：同时设置 a,b,...,n 号通道具有相同的通道模式 m，通道号可以不连续。只有通道模式和参数完全相同才可以采用这种方式。(2)"AIa-n"：设置从 a 到 n 的连续多个通道具有相同的工作模式，同样只有在通道模式和参数完全相同的情况下才可以采用这种方式。

"Mm"中的 M 为标志符号，m 为模式代码，用于指定输入信号类型。可能的各种模拟量输入通道的工作模式代码如表 4-10 所示。

"FfKa,b,c,d"为函数运算项，该项可缺省，在缺省时表示不需要进行函数运算。F 为标志符号，f 为函数运算代码。K 为标志符号，a 为 K0 数值,b 为 K1 数值,c 为 K2 数值,d 为 K3 数值,abcd 的格式为带符号的单精度数值。有些函数公式中可能不需要 4 个参数,编程时相应的数值可以不填,如填写软件会自动忽略该项。

表 4-10 函数运算表

| 运算码 f | $y = f(x)^{*}$ | 参数个数 | 备注 |
|---|---|---|---|
| 01 | $K_0 x + K_1^{**}$ | 2 | 一次运算 |
| 02 | $K_0 x^2 + K_1 x + K_2$ | 3 | 二次运算 |
| 03 | $K_0 x^3 + K_1 x^2 + K_2 x + K_3$ | 4 | 三次运算 |
| 04 | $K_2 \sqrt{K_0 x + K_1} + K_3^{***}$ | 4 | 开方运算 |

例:

AI0M10F01K1.2,-0.33,

表示:AI0 通道位电压输入,使用公式 1,K0=1.2,K1=-0.33

图 4-14 所示为算法编程组态执行程序流程图,控制器首先读取模拟量通道数据,判断该通道是否配置算法组态规则,如果有则读取组态数据的算法类型和参数信息,根据组态算法进行模拟量运算,最后生成运算结果供其他应用程序模块使用。

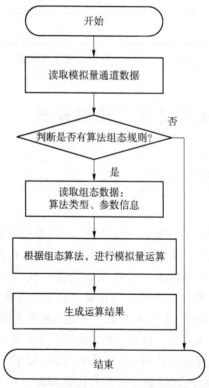

图 4-14 算法编程组态执行程序流程图

# 第 5 章
# 基于 VB 的串口通信设计

## 5.1  串行通信的基本知识

计算机串行端口被依次命名为:COM1、COM2……。在标准的 PC 中,鼠标通常被连接到 COM1 端口。调制解调器可能连接到 COM2 端口,扫描仪被连接到 COM3 端口……串行端口提供了计算机与这些外部串行设备之间的数据传输通道。

串行端口的本质功能是作为 CPU 和串行设备间的编码转换器。当数据从 CPU 经过串行端口发送出去时,字节数据被转换为串行的位。在接收数据时,串行的位将被转换为字节数据。

在操作系统一边,Windows 使用了通信驱动程序 Comm.drv,以便使用标准的 Windows API 函数发送和接收数据。驱动程序通常由串行设备制造商提供,以便将其硬件与 Windows 连接。在使用 Communications 控件时,实际上使用了 API 函数,API 函数将被 Comm.drv 解释并传输给设备驱动程序。

作为 Visual Basic 设计只需要关心 Communications 控件提供的对 Windows 通信驱动程序的 API 函数的接口,即只需要设置和监视 Communications 控件的属性和事件。

## 5.2  建立串行端口连接

使用 Communications 控件的第一步是将 Comm 控件导入到 VB 中,如图 5-1 所示。

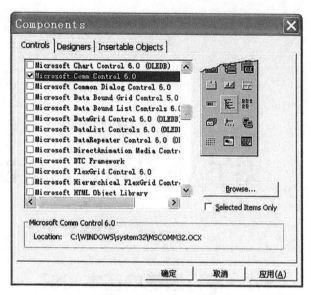

图 5-1　导入 Comm 控件

导入后,建立与串行端口的连接。表 5-1 所示为用于建立串行端口连接的属性。

**表 5-1　串行端口连接属性**

| 属性 | 描述 |
| --- | --- |
| CommPort | 设置或返回通信端口号 |
| Settings | 以字符串形式设置或返回波特率、奇偶校验、数据位和停止位 |
| PortOpen | 设置或返回通信端口的状态以及打开和关闭端口 |

## 5.3　参数设置

在端口被打开后,就创建了接收和发送缓冲区。为了管理这些缓冲区,Communications 控件提供了一系列属性,在设计时可以通过该控件的"属性页"设置这些属性。

(1) 在设计时设置缓冲区属性

在 Comm 的属性页中可以完成相关设置,如图 5-2 所示。

(2) 缓冲区内存分配

InBufferSize 和 OutBufferSize 属性指定了为接收和发送缓冲区分配的内存数量。按照缺省规定,它们被分别设置为图 5-2 所示的值。这两个值设置得越大,应用程序中可用的内存就越少。然而,如果缓冲区太小,就要冒缓冲区溢出的风险,除非采用握手信号。

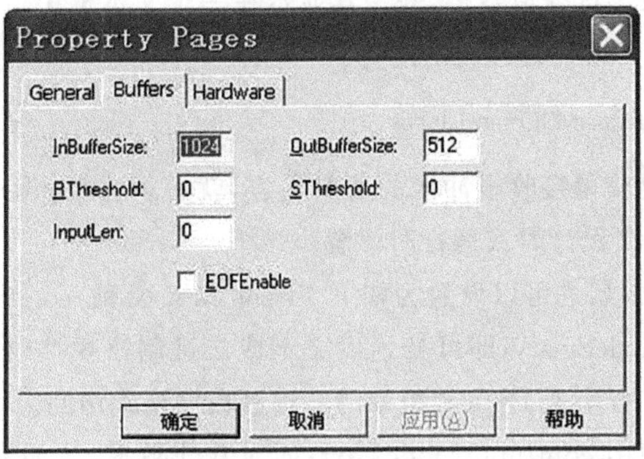

图 5-2　参数设置

鉴于现在大多数微机可用的内存量,由于有更多的可用资源,缓冲区内存分配已不那么至关紧要了。换言之,可以把缓冲区的值设得高一些而不影响应用程序的性能。

(3) RThreshold 和 SThreshold 属性

RThreshold 和 SThreshold 属性,表示在 OnComm 事件发生之前,接收缓冲区或发送缓冲区中可以接收的字符数。OnComm 事件被用来监视和响应通信状态的变化。如果将每个属性的值都设置为零(0),就可以避免发生 OnComm 事件。如果将该值设置为非零的值(比如 1),那么每当缓冲区中接收到一个字符时,就会产生 OnComm 事件。

(4) InputLen 和 EOFEnable 属性

如果把 InputLen 属性设置为 0,那么在使用 Input 属性时,Communications 控件将读出接收缓冲区中的所有内容。如果读取以定长的数据块的形式格式化了的数据时,则需要将该属性设置为合适的值。EOFEnable 属性用来指出在输入数据期间何时发现的文件结束(EOF)字符。如果将该属性设置为 True,在发生这种情况的时候将导致输入停止,并且产生 OnComm 事件以通知用户。

(5) 管理接收和发送缓冲区

如上面提到的在打开端口以后,接收和发送缓冲区即被创建。接收和发送缓冲区用来保存传入的数据和传出的数据。为了使用户能够管理这些缓冲区,Communications 控件提供了一系列的属性,利用它们可以放置或获取数据、返回每个缓冲区大小、处理文本和二进制数据。如何正确地管理这些缓冲区是 Communications 控件应用中的一个重要课题。

1)接收缓冲区

Input 属性被用来保存和接收从接收缓冲区获取的数据。例如,如果希望从接收缓冲区获取数据,并将其显示在一个文本框中,可以使用下面的代码:

TxtDisplay.Text＝MSComm1.Input

如果需要获得接收缓冲区的所有内容,就必须将 InputLen 属性设置为 0。这可以在设计时或运行时设置。

InputMode 属性可以设置为如下 Visual Basic 常数:comInputModeText 或 comInputModeBinary,即可分别以文本或二进制格式接收传入的数据。该数据将以字符串或 Byte 数组中的二进制数据格式访问。对 ANSI 字符集的数据应使用 comInputModeText;而对其他数据,比如嵌入了控件字符、空值等的数据,应使用 comInputModeBinary。

接收到的每一个字节都被移入接收缓冲区,同时 InBufferCount 属性加一。这样 InBufferCount 属性就可被用于获得接收缓冲区中字节的数目。将该属性的值设置为 0,即可清空接收缓冲区。

2)发送缓冲区

Output 属性被用来向发送缓冲区发出命令和数据。

与 Input 属性类似,数据可以以文本或二进制格式发送。Output 属性必须用字符串变体型发送文本,用 Byte 数组变体型发送二进制数据。

可用 Output 属性发送命令、文字字符串或 Byte 数组数据。例如:

```
' 发送 AT 命令
MSComm1.Output＝"ATDT 555-5555"
' 发送文本字符串
MsComm1.Output＝"This is a text string"
' 发送 Byte 数组数据
MSComm1.Output＝Out
```

如前面提到的,每发送一行必须以回车字符(vbCr)结束。在上例中,Out 被定义为 Byte 数组变体型:Dim Out()As Byte。假如它是字符串变体型,则应定义为:Dim Out()As String。

可用 OutBufferCount 属性监视发送缓冲区中的字节数目。将该值设置为 0 可将发送缓冲区清空。

(6)握手

要保证数据传输成功,必须对接收和发送缓冲区进行管理。例如,要保证接收数据的速度不超出缓冲区的限制。握手是指一种内部的通信协议,通过它将数据从硬件端口传输到接收缓冲区。当串行端口收到一个字符时,通信设备必须将它移入接收缓冲区中,使程序能够读到它。如果数据到达端口的速度太快,通信设备可能来不及将数据移入接收缓冲区,握手协议保证不会由于缓冲区溢出而导致丢失数据。

设置 Handshaking 属性可以指定在应用程序中使用的握手协议。在缺省情况下,该值被设置为空。然而,可将其设置为下面列出的其他协议,如表 5-2 所示。

**表 5-2　设置握手(Handshaking)属性**

| 设置值 | 值 | 描述 |
|---|---|---|
| comNone | 0 | 不使用握手协议(缺省) |
| comXOnXOff | 1 | XOn/XOff 握手 |
| comRTS | 2 | RTS/CTS(请求发送/清除发送)握手 |
| comRTSXOnXOff | 3 | 两者,RTS 握手和 XOn/XOff 握手 |

需要使用什么协议与连接到的设备有关。如果将该值设置为 comRTSXOnXOff,可以同时支持两种协议。

在许多情况中,通信协议本身能处理握手。因而,设置此属性为非 comNone 的其他一些值可能会导致冲突。如果将该值设置为 comRTS 或 comRTSXOnXOff,则需要将 RTSEnabled 属性设置为 True,否则虽然能够连接并发送数据,但不能接收数据。图 5-3 所示为配置硬件握手信号的设置界面。

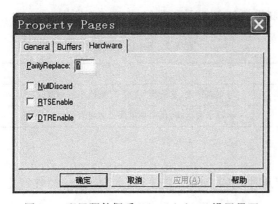

图 5-3　配置硬件握手(Handshaking)设置界面

## 5.4　常用属性

Comm 控件的常用属性如图 5-4 所示。

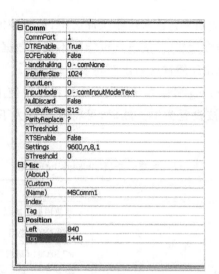

图 5-4　Comm 控件常用属性

# 5.4.1　Settings 属性

设置并返回波特率、奇偶校验、数据位、停止位参数。

语法：

object.Settings[＝value]

Settings 属性语法包括下列部分，如表 5-3 所示。

表 5-3　Settings 属性

| 部分 | 描述 |
| --- | --- |
| object | 对象表达式，其值是"应用于"列表中的对象 |
| value | 字符串表达式，说明通讯端口的设置值，如下所述 |

说明：

当端口打开时，如果 value 非法，则 MSComm 控件产生错误 380（非法属性值）。

Value 由四个设置值组成，有如下的格式：

"BBBB,P,D,S"

BBBB 为波特率，P 为奇偶校验，D 为数据位数，S 为停止位数。value 的缺省值是：

"9600,N,8,1"

表 5-4 所示为合法的波特率。

**表 5-4　波特率值**

| |
|---|
| 110 |
| 300 |
| 600 |
| 1 200 |
| 2 400 |
| 9 600（缺省） |
| 14 400 |
| 19 200 |
| 28 800 |
| 38 400 |
| 56 000 |
| 128 000 |
| 256 000 |

表 5-5 所示为合法的奇偶校验值。

**表 5-5　奇偶校验值**

| 设置值 | 描述 |
|---|---|
| E | 偶数（Even） |
| M | 标记（Mark） |
| N | 缺省（Default） |
| None | |
| O | 奇数（Odd） |
| S | 空格（Space） |

表 5-6 所示为合法的数据位值。

**表 5-6　数据位值**

| |
|---|
| 4 |
| 5 |
| 6 |
| 7 |
| 8（缺省） |

表 5-7 所示为合法的停止位值。

**表 5-7　停止位值**

| 设置值 |
| --- |
| 1（缺省） |
| 1.5 |
| 2 |

数据类型：String。

# 5.4.2　CommEvent 属性

返回最近的通信事件或错误。该属性在设计时无效，在运行时为只读。
语法：

　　object.CommEvent

CommEvent 属性语法包括下列部分，如表 5-8 所示。

**表 5-8　CommEvent 属性**

| 部分 | 描述 |
| --- | --- |
| object | 对象表达式，其值是"应用于"列表中的对象 |

说明：

只要有通信错误或事件发生时都会产生 OnComm 事件，CommEvent 属性存有该错误或事件的数值代码。要确定引发 OnComm 事件的确切的错误或事件，请参阅 CommEvent 属性。

CommEvent 属性返回下列值之一来表示不同的通信错误或事件。这些常数可以在该控件的对象库中找到。通信错误包括下列设置值，如表 5-9 所示。

**表 5-9　CommEvent 属性返回值**

| 常数 | 值 | 描述 |
| --- | --- | --- |
| comEventBreak | 1001 | 接收到一个中断信号 |
| comEventCTSTO | 1002 | Clear To Send 超时。在系统规定时间内传输一个字符时，Clear To Send 线为低电平 |
| comEventDSRTO | 1003 | Data Set Ready 超时。在系统规定时间内传输一个字符时，Data Set Ready 线为低电平 |
| comEventFrame | 1004 | 帧错误。硬件检测到一帧错误 |

| 常数 | 值 | 描述 |
| --- | --- | --- |
| comEventOverrun | 1006 | 端口超速。没有在下一个字符到达之前从硬件读取字符,该字符丢失 |
| comEventCDTO | 1007 | 载波检测超时。在系统规定时间内传输一个字符时,Carrier Detect 线为低电平。Carrier Detect 也称为 Receive Line Signal Detect(RLSD) |
| comEventRxOver | 1008 | 接受缓冲区溢出。接收缓冲区没有空间 |
| comEventRxParity | 1009 | 奇偶校验。硬件检测到奇偶校验错误 |
| comEventTxFull | 1010 | 传输缓冲区已满。传输字符时传输缓冲区已满 |
| comEventDCB | 1011 | 检索端口的设备控制块(DCB)时的意外错误 |

通信事件包括下列设置值,如表 5-10 所示。

表 5-10　通信事件值

| 常数 | 值 | 描述 |
| --- | --- | --- |
| comEvSend | 1 | 在传输缓冲区中有比 Sthreshold 数少的字符 |
| comEvReceive | 2 | 收到 Rthreshold 个字符。该事件将持续产生直到用 Input 属性从接收缓冲区中删除数据 |
| comEvCTS | 3 | Clear To Send 线的状态发生变化 |
| comEvDSR | 4 | Data Set Ready 线的状态发生变化。该事件只在 DST 从 1 变到 0 时才发生 |
| comEvCD | 5 | Carrier Detect 线的状态发生变化 |
| comEvRing | 6 | 检测到振铃信号。一些 UART(通用异步接收—传输)可能不支持该事件 |
| comEvEOF | 7 | 收到文件结束(ASCII 字符为 26)字符 |

数据类型:Integer。

# 5.4.3　PortOpen 属性

设置并返回通信端口的状态(开或关)。在设计时无效。

语法:

object.PortOpen[=value]

PortOpen 属性语法包括下列部分,如表 5-11 所示。

表 5-11　PortOpen 属性

| 部分 | 描述 |
| --- | --- |
| object | 对象表达式,其值是"应用于"列表中的对象 |
| value | 布尔表达式,说明通信端口的状态 |

设置值:

value 设置值如表 5-12 所示。

表 5-12　value 设置值

| 设置值 | 描述 |
| --- | --- |
| True | 端口开 |
| False | 端口关 |

说明:

设置 PortOpen 属性为 True 打开端口,设置为 False 关闭端口并清除接收和传输缓冲区。当应用程序终止时,MSComm 控件自动关闭串行端口。

在打开端口之前,确定 CommPort 属性设置为一个合法的端口号。如果 CommPort 属性设置为一个非法的端口号,则当打开该端口时,MSComm 控件产生错误 68(设备无效)。

另外,串行端口设备必须支持 Settings 属性当前的设置值。如果 Settings 属性包含硬件不支持的通信设置值,那么硬件可能不会正常工作。

如果在端口打开之前,DTREnable 或 RTSEnable 属性设置为 True,当关闭端口时,该属性设置为 False。否则,DTR 和 RTS 线保持其先前的状态。

数据类型:Boolean。

## 5.4.4　CommPort 属性

设置并返回通信端口号。

语法:

object.CommPort[=value]

CommPort 属性语法包括下列部分,如表 5-13 所示。

表 5-13　CommPort 属性

| 部分 | 描述 |
| --- | --- |
| object | 对象表达式,其值是"应用于"列表中的对象 |
| value | 一整型值,说明端口号 |

说明：

在设计时，value 可以设置成从 1 到 16 的任何数（缺省值为 1）。但是如果用 PortOpen 属性打开一个并不存在的端口时，MSComm 控件会产生错误 68（设备无效）。

警告必须在打开端口之前设置 CommPort 属性。

数据类型：Integer。

## 5.4.5　InBufferCount 属性

返回接收缓冲区中等待的字符数。该属性在设计时无效。

语法：

object.InBufferCount[＝value]

InBufferCount 属性的语法包括下列部分，如表 5-14 所示。

**表 5-14　InBufferCount 属性**

| 部分 | 描述 |
| --- | --- |
| object | 对象表达式，其值是"应用于"列表中的对象 |
| value | 整型表达式，说明在接收缓冲区中等待的字符数 |

说明：

InBufferCount 是指调制解调器已接收，并在接收缓冲区等待被取走的字符数。可以把 InBufferCount 属性设置为 0 来清除接收缓冲区。

注意不要把该属性与 InBufferSize 属性混淆。InBufferSize 属性返回整个接收缓冲区的大小。

数据类型：Integer。

## 5.4.6　InBufferSize 属性

设置并返回接收缓冲区的字节数。

语法：

object.InBufferSize[＝value]

InBufferSize 属性语法包括下列部分，如表 5-15 所示。

**表 5-15　InBufferSize 属性**

| 部分 | 描述 |
| --- | --- |
| object | 对象表达式，其值是"应用于"列表中的对象 |
| value | 整型表达式，说明接收缓冲区的字节数 |

说明：

InBufferSize 是指整个接收缓冲区的大小。缺省值是 1 024 字节。不要将该属性与 InBufferCount 属性混淆，InBufferCount 属性返回的是当前在接收缓冲区中等待的字符数。

接收缓冲区越大则应用程序可用内存越小。但若接受缓冲区太小，若不使用握手协议，就可能有溢出的危险。一般的规律是，首先设置一个 1 024 字节的缓冲区。如果出现溢出错误，则通过增加缓冲区的大小来控制应用程序的传输速率。

数据类型：Integer。

## 5.4.7　Input 属性

返回并删除接收缓冲区中的数据流。该属性在设计时无效，在运行时为只读。

语法：

object.Input

Input 属性语法包括下列部分，如表 5-16 所示。

表 5-16　Input 属性

| 部分 | 描述 |
| --- | --- |
| object | 对象表达式，其值是"应用于"列表中的对象 |

说明：

InputLen 属性确定被 Input 属性读取的字符数。设置 InputLen 为 0，则 Input 属性读取缓冲区中全部的内容。

InputMode 属性确定用 Input 属性读取的数据类型。如果设置 InputMode 为 comInputModeText，Input 属性通过一个 Variant 返回文本数据。如果设置 InputMode 为 comInputModeBinary，Input 属性通过一个 Variant 返回一二进制数据的数组。

数据类型：Variant。

## 5.4.8　InputMode 属性

设置或返回 Input 属性取回的数据的类型。

语法：

object.InputMode[＝value]

InputMode 属性语法包括下列部分如表 5-17 所示。

**表 5-17　InputMode 属性**

| 部分 | 描述 |
|---|---|
| object | 对象表达式,其值是"应用于"列表中的对象 |
| value | 值或常数,确定输入模式,如"设置值"中所描述 |

设置值：

value 的设置值如表 5-18 所示。

**表 5-18　value 设置值**

| 常数 | 值 | 描述 |
|---|---|---|
| comInputModeText | 0 | (缺省)数据通过 Input 属性以文本形式取回 |
| comInputModeBinary | 1 | 数据通过 Input 属性以二进制形式取回 |

说明：

InputMode 属性确定 Input 属性如何取回数据。数据取回的格式或是字符串或是一数据组的二进制数据的数组。

若数据只用 ANSI 字符集,则用 comInputModeText。对其他字符数据,如数据中有嵌入控制字符、Nulls 等,则使用 comInputModeBinary。

## 5.4.9　InputLen 属性

设置并返回 Input 属性从接收缓冲区读取的字符数。

语法：

object.InputLen[=value]

InputLen 属性语法包括下列部分,如表 5-19 所示。

**表 5-19　InputLen 属性**

| 部分 | 描述 |
|---|---|
| object | 对象表达式,其值是"应用于"列表中的对象 |
| value | 整型表达式,说明 Input 属性从接收缓冲区中读取的字符数 |

说明：

InputLen 属性的缺省值是 0。设置 InputLen 为 0 时,使用 Input 将使 MSComm 控件读取接收缓冲区中全部的内容。

若接收缓冲区中 InputLen 字符无效,Input 属性返回一个零长度字符串("")。在使用 Input 前,用户可以选择检查 InBufferCount 属性来确定缓冲区中是否已有需要数目的字符。该属性在从输出格式为定长数据的机器读取数据时非常有用。

数据类型：Integer。

## 5.4.10 OutBufferCount 属性

返回在传输缓冲区中等待的字符数。也可以用它来清除传输缓冲区。该属性在设计时无效。

语法：

object.OutBufferCount[＝value]

OutBufferCount 属性语法包括下列部分，如表 5-20 所示。

**表 5-20 OutBufferCount 属性**

| 部分 | 描述 |
| --- | --- |
| object | 对象表达式，其值是"应用于"列表中的对象 |
| value | 整型表达式，说明在传输缓冲区中等待的字符数 |

说明：

设置 OutBufferCount 属性为 0 可以清除传输缓冲区。不要把 OutBufferCount 属性与 OutBufferSize 属性混淆，OutBufferSize 属性返回整个传输缓冲区的大小。

数据类型：Integer。

## 5.4.11 OutBufferSize 属性

以字节的形式设置并返回传输缓冲区的大小。

语法：

object.OutBufferSize[＝value]

OutBufferSize 属性语法包括下列部分，如表 5-21 所示。

**表 5-21 OutBufferSize 属性**

| 部分 | 描述 |
| --- | --- |
| object | 对象表达式，其值是"应用于"列表中的对象 |
| value | 整型表达式，说明传输缓冲区的大小 |

说明：

OutBufferSize 指整个传输缓冲区的大小；缺省值是 512 字节。不要把该属性与 OutBufferCount 属性混淆，OutBufferCount 属性返回当前在传输缓冲区等待的字节数。

传输缓冲区设置的越大则应用程序可用内存越小。但若缓冲区太小，若不使用握手协议，就可能有溢出的危险。一般的规律是，首先设置一个 512 字节的缓冲区。如果出现溢出错误，则通过增加缓冲区的大小来控制应用程序的传输速率。

数据类型：Integer。

## 5.4.12　Output 属性

往传输缓冲区写数据流。该属性在设计时无效，在运行时为只读。

语法：

object.Output[=value]

Output 属性语法包括下列部分。

描述：

object 对象表达式，其值是"应用于"列表中的对象。

value 要写到传输缓冲区中的一个字符串。

说明：

Output 属性可以传输文本数据或二进制数据。用 Output 属性传输文本数据，必须定义一个包含一个字符串的 Variant。发送二进制数据，必须传递一个包含字节数组的 Variant 到 Output 属性。

正常情况下，如果发送一个 ANSI 字符串到应用程序，可以以文本数据的形式发送。如果发送包含嵌入控制字符、Null 字符等的数据，要以二进制形式发送。

数据类型：Variant。

## 5.4.13　RThreshold 属性

在 MSComm 控件设置 CommEvent 属性为 comEvReceive 并产生 OnComm 之前，设置并返回的要接收的字符数。

语法：

object.Rthreshold[=value]

Rthreshold 属性语法包括下列部分，如表 5-22 所示。

表 5-22　Rthreshold 属性

| 部分 | 描述 |
| --- | --- |
| object | 对象表达式，其值是"应用于"列表中的对象 |
| value | 整型表达式，说明在产生 OnComm 事件之前要接收的字符数 |

说明：

当接收字符后，若 Rthreshold 属性设置为 0（缺省值）则不产生 OnComm 事件。

例如，设置 Rthreshold 为 1，接收缓冲区收到每一个字符都会使 MSComm 控件产生 OnComm 事件。

数据类型：Integer。

## 5.4.14　SThreshold 属性

在 MSComm 控件设置 CommEvent 属性为 comEvSend 并产生 OnComm 事件之前，设置并返回传输缓冲区中允许的最小字符数。

语法：

object.SThreshold[＝value]

Sthreshold 属性语法包括下列部分，如表 5-23 所示。

表 5-23　Sthreshold 属性

| 部分 | 描述 |
| --- | --- |
| object | 对象表达式，其值是"应用于"列表中的对象 |
| value | 整形表达式，代表在 OnComm 事件产生之前在传输缓冲区中的最小字符数 |

说明：

若设置 Sthreshold 属性为 0（缺省值），数据传输事件不会产生 OnComm 事件。若设置 Sthreshold 属性为 1，当传输缓冲区完全空时，MSComm 控件产生 OnComm 事件。

如果在传输缓冲区中的字符数小于 value，CommEvent 属性设置为 comEvSend，并产生 OnComm 事件。comEvSend 事件仅当字符数与 Sthreshold 交叉时被激活一次。例如，如果 Sthreshold 等于 5，仅当在输出队列中字符数从 5 降到 4 时，comEvSend 才发生。如果在输出队列中从没有比 Sthreshold 多的字符，comEvSend 事件将绝不会发生。

数据类型：Integer。

## 5.5　OnComm 事件和 CommEvent 属性

根据应用程序的用途和功能，在连接到其他设备过程中，以及接收或发送数据过程中，可能需要监视并响应一些事件和错误。

可以使用 OnComm 事件和 CommEvent 属性捕捉并检查通信事件和错误的值。

在发生通信事件或错误时,将触发 OnComm 事件,CommEvent 属性的值将被改变。因此,在发生 OnComm 事件的时候,如果有必要,可以检查 CommEvent 属性的值。由于通信(特别是通过电话线的通信)是不可预料的,捕捉这些事件和错误将有助于使应用程序对这些情况作出相应的反应。

表 5-24 所示为可能触发 OnComm 事件的通信事件。对应的值将在发生事件时被写入 CommEvent 属性。

表 5-24　CommEvent 属性

| 常数 | 值 | 描述 |
| --- | --- | --- |
| ComEvSend | 1 | 发送缓冲区中的字符数少于 SThreshold |
| ComEvReceive | 2 | 接收到 Rthreshold 个字符。在使用 Input 属性移去接收缓冲区中的数据之前,该事件将持续产生 |
| ComEvCTS | 3 | CTS 信号发生变化 |
| ComEvDSR | 4 | DSR 信号发生变化。该事件仅在 DSR 由 1 变为 0 时触发 |
| ComEvCD | 5 | CD 信号发生变化 |
| ComEvRing | 6 | 检测到电话振铃。某些 UART(通用异步收发器)可能不支持本事件 |
| ComEvEOF | 7 | 收到文件结束符(ASCII 字符 26) |

下列错误同样会触发 OnComm 事件,并且在 CommEvent 属性中写入相应的值,如表 5-25 所示。

表 5-25　OnComm 事件值

| 设置值 | 值 | 描述 |
| --- | --- | --- |
| ComEventBreak | 1001 | 收到 Break 信号 |
| ComEventFrame | 1004 | 帧错误。硬件检测到帧错误 |
| ComEventOverrun | 1006 | 端口超限。在下一个字符到达端口之前,前一字符还没有从硬件中读走,因而丢失 |
| ComEventRxOver | 1008 | 接收缓冲区溢出。接收缓冲区已没有空间 |
| ComEventRxParity | 1009 | 奇偶校验错误。硬件检测到奇偶校验错误 |
| comEventTxFull | 1010 | 发送缓冲区满。在试图将字符传入发送缓冲区时,该缓冲区已满 |
| ComEventDCB | 1011 | 在为端口获取设备控制块(DCB)时,发生不可预料的错误 |

# 5.6 打开串行端口

要打开串行端口,可以使用 CommPort、PortOpen 和 Settings 属性。例如:

```
'打开串行端口
MSComm1.CommPort = 2
MSComm1.Settings = "9600,N,8,1"
MSComm1.PortOpen = True
```

CommPort 属性确定打开哪个串行端口。假如 COM2 上连接有一个调制解调器,则在上面的例子中需要将值设置为 2(COM2)才能连接到该调制解调器。CommPort 属性值可以设置为 1 到 16 之间的任何值(缺省值为 1),然而,如果将该值设置为系统中并不存在的 COM 端口,将会产生错误。

Settings 属性可以用来指定波特率、奇偶校验、数据位数和停止位数。按照缺省规定,波特率被设置为 9 600。奇偶校验设置为了进行数据校验。这通常是不用的,并设置为"N"。数据位数指定了代表一个数据块的比特数。停止位指出了何时接收到一个完整数据块。

在指定了要打开的端口,以及如何进行数据通信之后,就可以使用 PortOpen 属性建立连接了。它是一个布尔值,即取值范围为 True 或 False。如果端口无效,或者 CommPort 属性设置有误,或者该设备不支持指定的设置,就会产生错误;即使没有产生错误,外部设备也不能正常工作。将 PortOpen 属性设置为 False 即可关闭该端口。

# 5.7 事 例

```
Private Sub Form_Load()
'保存输入子串的缓冲区
Dim Instring As String
'使用 COM1。
MSComm1.CommPort = 1
'9 600 波特,无奇偶校验,8 位数据,一个停止位
MSComm1.Settings = "9600,N,8,1"
'当输入占用时
```

```
' 告诉控件读入整个缓冲区
MSComm1.InputLen = 0
' 打开端口
MSComm1.PortOpen = True
' 将 attention 命令送到调制解调器
MSComm1.Output = "ATV1Q0"&Chr$ ( 13 )' 确保
' 调制解调器以"OK"响应
' 等待数据返回到串行端口
Do
DoEvents
Buffer$ = Buffer$ &MSComm1.Input
Loop Until InStr( Buffer$ ," OK" &vbCRLF)
' 从串行端口读"OK"响应。
' 关闭串行端口。
MSComm1.PortOpen = False
End Sub
```

MSComm 控件可以采用轮询或事件驱动的方法从端口获取数据,这个例子使用了轮询方法。

# 第6章
# 上位机 Modbus 应用软件设计

## 6.1　Modbus 软件程序设计

Modbus 通信处理流程图如图 6-1 所示。

根据应用需求设计以下函数：

（1）LRC 校验

完成对于 Modbus 帧的数据校验。

Unsigned char calculateLRC（unsigned char * auchMsg, unsigned short usDataLen）

（2）建立 Modbus 帧

根据 Modbus 协议规范，构造建立 Modbus 帧。

Void construct_modbus_frm（unsigned char * dst_buf, unsigned char * src_buf, unsigned char lenth）

（3）读取保持寄存器（0x03）

发送读取保持寄存器 Modbus 指令。

Int Modbus_read_hldreg（unsigned char board_adr, unsigned char * com_buf, int start_address, int lenth）

（4）设置保持寄存器（0x10）

发送写保持寄存器 Modbus 指令。

int modbus_set_hldreg（unsigned char board_adr, unsigned char * com_buf, int start_address, unsigned int value）

（5）读取 Modbus 帧并分析

读取 Modbus 帧并分析、校验，完成相应处理。

Int Modbus_data_anlys(int * dest_p,char * source_p,int data_start_address,uchar ModuleAddress)

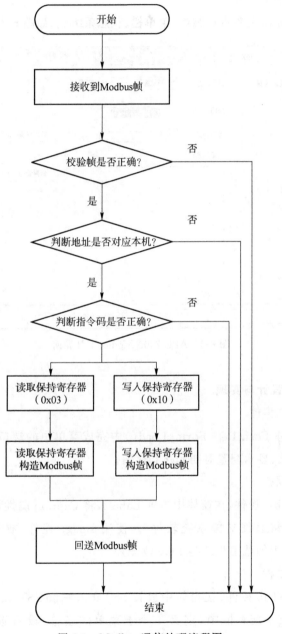

图 6-1　Modbus 通信处理流程图

# 6.2 软件主界面设计

## 1. 界面菜单设计

软件主界面主要由标题栏、菜单栏、状态条组成，如图 6-2 所示。

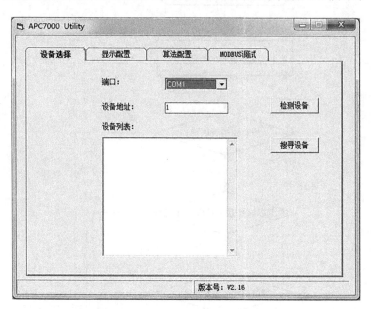

图 6-2 APC 7000 Modus 工具界面

## 2. 功能设计与实现

（1）建立窗体

创建窗体 Form1，在 Form_Load() 中完成菜单中的端口、设备地址、Modbus 调试、显示配置等初始化和赋值。

（2）标题栏

采用 Label 控件，在窗体中放置 Label3，将 Caption 属性设置为"工程装备故障诊断远程支援系统软件"。使用 Image 控件，放置 Image，在 Picture 属性中加载工程装备 LOGO 图片。

（3）菜单栏

采用 SSTab 控件，在窗体中放置 SSTab1，赋值 SSTab.Tabs=4，在 Property Pages 配置框中，定义 4 个子菜单的名称：设备选择、显示配置、算法配置、Modbus 调试。SSTab1 的 Property Pages 设置如图 6-3 所示。

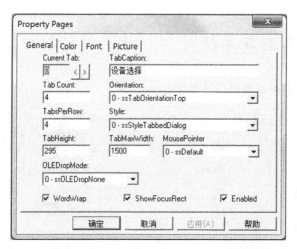

图 6-3　SSTab1 的 Property Pages 设置

（4）状态栏

采用 StatusBar 控件，在窗体下面放置 StatusBar1，在 Property Pages 配置框 Panels 菜单中加入 2 个 Panel，并填写版本信息。StatusBar1 的 Property Pages 设置如图 6-4 所示。

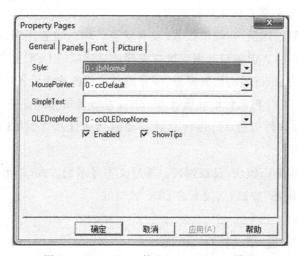

图 6-4　StatusBar1 的 Property Pages 设置

## 6.3　设备选择菜单与功能设计

设备选择菜单主要是通过 Modbus 总线，查询特定地址或以地址自增方式的 DDC 控制器指令，总线上的指定设备应答后，应用软件在界面上显示搜索到的设备，完成工程装备上的传感器的巡检和搜索。

## 6.3.1　界面菜单设计

设备选择菜单界面设计如图 6-5 所示。

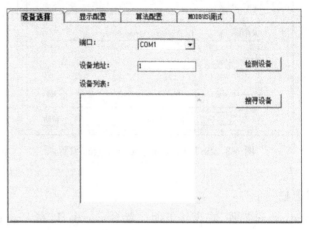

图 6-5　设备选择菜单界面设计

设备选择菜单界面主要组成为：

（1）参数输入模块：端口设置、设备地址。端口设置用来设定计算机的 COM 端口号。设备地址用来设置需要选择读取的 DDC 控制器地址。

（2）控制输入模块：检测设备、搜寻设备。单击检测设备按钮后，软件根据选择的 DDC 控制器地址通过 Modbus 总线读取相应设备。单击搜寻设备按钮后，软件通过 Modbus 总线自动搜索地址从 1 到 63 的 DDC 控制器。

（3）文本输出模块：设备列表。通过文本显示的方式，单击显示"检测设备""搜寻设备"按钮后，搜到的 DDC 控制器。

## 6.3.2　功能设计与实现

**1. 端口设置**

采用 Combo 控件，建立 Combo4，在 Form_Load() 中赋值

With Combo4

.List(0)="COM1"

.List(1)="COM2"

.List(2)="COM3"

.List(3)="COM4"

```
            .ListIndex = 0
    End With
```

在 Private Sub Combo4_Click()中加入处理

```
Dim i As Integer

With Comm1
        On Error GoTo err0
        Select
            Case(Combo4.Text)
            Case"COM1"
                i = 1
            Case"COM2"
                i = 2
            Case"COM3"
                i = 3
            Case"COM4"
                i = 4
        End Select
        If.PortOpen = True Then
            .PortOpen = False
        End If
        .CommPort = i
        .Settings = "9600, N, 8, 1"
        If.PortOpen = False Then
            .PortOpen = True
            Combo4.BackColor = vbGreen
        End If
    End With
    Exit Sub
err0：
    Combo4.BackColor = &H80000005
    If MsgBox("打开端口错误!", vbOKOnly+vbCritical, "错误提示") = vbOK Then
    End If
```

## 2. 设备地址

采用 TextBox 控件,建立 Text1 对象。

## 3. 检测设备

采用 CommandButton 控件,建立 Command8,在 Command8_Click()
事件中加入处理:

```
        Form1.Enabled=False
        Call
Modbus_send_readreg(MS_DECTECTDEVICE,Val(Text1.Text),REG_DEVICEINF,
3,500,"")
        Form1.Enabled=True
```

### 4. 搜寻设备

采用 CommandButton 控件,建立 Command2,在 Command2_Click()
事件中加入处理:

```
        Dim i As Integer
        Dim j As Integer
        Form1.Enabled=False
        Text10.Text=""
        For i=1 To 63
            j=Modbus_send_readreg(MS_SEARCHDEVICE,i,1,1,500,"")
            If j=1 Then
                    Text10.Text=Text10.Text&"检测到 APC7000 设备,地址"&str(i)
&vbCrLf
            End If
            DoEvents
        Next i
        StatusBar1.Panels.Item(1)="搜寻设备结束!"
        Form1.Enabled=True
```

### 5. 设备列表

采用 TextBox 控件,建立 Text10,在 Command2 中加入 Text10 显示
处理。

# 6.4  显示配置菜单与功能设计

显示配置菜单实现通过总线下发外置显示屏的显示模式和显示内容
到 DDC 控制器,并能够读取总线上指定 DDC 控制器的外置显示屏显示
模式和显示内容。该菜单还能够控制主机开启/禁止向 Modbus 总线上发
送日期、时间指令。

## 6.4.1  界面菜单设计

界面配置菜单界面设计如图 6-6 所示。

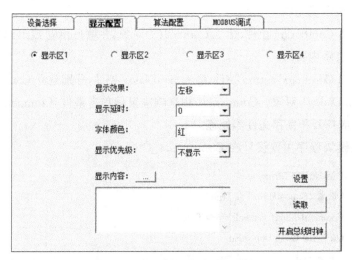

图 6-6　显示配置菜单界面设计

设备选择菜单界面主要组成为：

（1）参数输入模块：显示区选择、显示效果、显示延时、字体颜色、显示优先级、显示内容，这 6 个参数与显示屏硬件相关，具体可参考 4.7.1 节中显示屏通信协议。其中显示内容可以导入文本文件的方式添加显示内容。

（2）控制输入模块：设置、读取、开启总线时钟。单击"设置"按钮后，通过 Modbus 总线下发显示屏的显示内容到 DDC 控制器。单击"读取"按钮后，通过 Modbus 总线读取存储在 DDC 控制器中的显示屏的显示内容。单击"开启总线时钟"按钮后，通过 Modbus 总线定周期发送日期、时间数据。

## 6.4.2　功能设计与实现

### 1. 显示区选择
采用 OptionButton 控件，建立 Option3 对象。

### 2. 显示效果
采用 ComboBox 控件，建立 Combo6（1）对象，并填写相应 List（x）参数。

### 3. 显示延时
采用 ComboBox 控件，建立 Combo6（0）对象，并填写相应 List（x）参数。

### 4. 字体颜色
采用 ComboBox 控件，建立 Combo6（2）对象，并填写相应 List（x）参数。

**5. 显示优先级**

采用 ComboBox 控件,建立 Combo6(3)对象,并填写相应 List(x)参数。

**6. 显示内容**

采用 CommandButton 控件、CommonDialog 控件,分别建立 Command4、CommonDialog1 对象。Command4 用来响应鼠标单击事件,CommonDialog1 用来完成打开和保存文件等处理。

该模块程序主要设计在 Command4_Click():

```
Dim str As String
' 设置"CancelError" 为 True
CommonDialog1.CancelError=True
On Error GoTo importErr
' 设置标志
' 设置过滤器
' 指定缺省的过滤器
CommonDialog1.FilterIndex=2
CommonDialog1.DialogTitle="导入"
' 显示"打开"对话框
CommonDialog1.ShowOpen
' 执行导入操作
Call TxtDataImport(0,CommonDialog1.FileName)
Exit Sub
importErr:
' 用户按"取消"按钮。
Exit Sub
```

**7. 设置按键**

采用 CommandButton 控件,建立 Command6 对象。在 Command6_Click()中完成外置显示条屏显示参数和显示内容的打包,并通过 Modbus 总线发送。程序如下:

```
Dim bufx As Integer
Dim st,t As String
Dim m As Integer
Dim i,j As Integer
bufx=REG_DISP0
Form1.Enabled=False
If Option3(1).Value=True Then
    bufx=REG_DISP1
End If
```

```
If Option3(2).Value=True Then
    bufx=REG_DISP2
End If
If Option3(3).Value=True Then
    bufx=REG_DISP3
End If
st=Right("000"+Hex$(Combo6(1).ListIndex),4)          '显示效果
st=st&Right("000"+Hex$(Combo6(0).ListIndex),4)       '显示延时
st=st&Right("000"+Hex$(Combo6(2).ListIndex),4)       '显示颜色
st=st&Right("000"+Hex$(Combo6(3).ListIndex),4)       '显示优先级
Text8.Text=StrConv(Text8.Text,vbWide)j=Len(Text8.Text)

If j>32 Then
        j=32
        Text8.Text=Left(Text8.Text,32)
End If
For i=1 To j
    t=Mid(Text8.Text,i,1)
    m=Asc(t)
    If m<0 Then                                       '去除换行与回车
        st=st&Right("0000"+Hex$(m),4)
    End If
    ' If m>0 Then
    ' If m=&H20 Then m=0                               '空格
    ' If m=&H2E Then m=1                               '小数点
        ' st=st&Format(Hex$(m),"00")
    ' Else
Next i
If j<55 Then
    st=st&"0D0D"
End If
Call
Modbus_send_writereg(MS_DISPBUFSETWR,Val(Text1.Text),bufx,Len(st)/4,Len(st)/2,3000,st)
    Form1.Enabled=True
```

### 8. 读取按键

采用 CommandButton 控件,建立 Command5 对象。在 Command5_Click()通过 Modbus 发出读取 DDC 控制器外置显示屏显示内容指令,并通过 Text8 对象显示。

**9. 开启总线时钟**

采用 CommandButton 控件,建立 Command9 对象。在 Command9_Click()控制定时器 Timer1 对象,开启或禁止通过 Modbus 总线发送时钟。

# 6.5 算法配置菜单与功能设计

算法配置菜单给用户提供算法编辑器功能,供用户编辑设计算法,并能够将用户设计好的算法模块,通过总线传送给指定的 DDC 控制器。该菜单能够读取总线上的 DDC 控制器存储的算法模块。

## 6.5.1 界面菜单设计

算法配置菜单界面设计如图 6-7 所示。

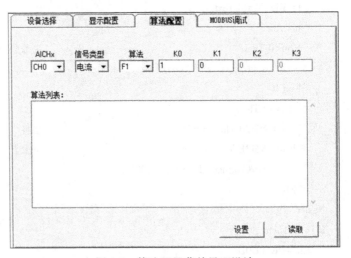

图 6-7　算法配置菜单界面设计

算法配置菜单界面主要组成为:

(1) 参数输入模块:模拟量通道设置、信号类型设置、算法类型设置、算法参数设置。模拟量通道设置模块用来选择需要读、写的 DDC 控制器模拟量通道,可以选择 1~4 任何个值。信号类型设置用来设置对应的模拟量输入通道信号类型,可以选用"电流"或者是"电压"。算法类型设置用来选择算法类型,共有 4 种类型。算法参数设置用来设置对应的算法类型中的 F1、F2、F3、F4 参数。

（2）控制输入模块：设置按钮、读取按钮。设置按钮用来通过 Modbus 总线下发配置好的算法模块到 DDC 控制器。读取按钮用来读取 DDC 控制器中设置好的算法模块。

（3）文本输出模块：算法列表。用来显示下发或读取的算法模块。

## 6.5.2　功能设计与实现

**1. 模拟量通道设置**

采用 ComboBox 控件，建立 Combo5 对象，并填写相应 List(x)参数。

**2. 信号类型设置**

采用 ComboBox 控件，建立 Combo8 对象，并填写相应 List(x)参数。

**3. 算法类型设置**

采用 ComboBox 控件，建立 Combo7 对象，并填写相应 List(x)参数。

**4. 算法参数设置**

采用 TextBox 控件，建立 Text9 对象，并填写相应缺省值。

**5. 设置按钮**

采用 CommandButton 控件，建立 Command3 对象。在 Command3_Click()事件中编写处理程序，完成算法模块的打包，并通过 Modbus 总线发送。处理程序如下：

Command3_Click()中程序如下：

```
Dim baseadr As Integer
Dim st,t As String
Dim m As Integer
Dim i,j,bufx As Integer
Dim s As Single
baseadr=REG_AI0_FUN
Form1.Enabled=False
Select Case(Combo5.ListIndex)
    Case 0
        baseadr=REG_AI0_FUN
    Case 1
        baseadr=REG_AI1_FUN
    Case 2
        baseadr=REG_AI2_FUN
    Case 3
        baseadr=REG_AI3_FUN
```

```
End Select
bufx=baseadr
st=""
s=Combo8.ListIndex+1
CopyMemory ary(0),ByVal VarPtr(s),4
st=st&Right("00"+Hex(ary(3)),2)
st=st&Right("00"+Hex(ary(2)),2)
st=st&Right("00"+Hex(ary(1)),2)
st=st&Right("00"+Hex(ary(0)),2)
s=Combo7.ListIndex+1
CopyMemory ary(0),ByVal VarPtr(s),4
st=st&Right("00"+Hex(ary(3)),2)
st=st&Right("00"+Hex(ary(2)),2)
st=st&Right("00"+Hex(ary(1)),2)
st=st&Right("00"+Hex(ary(0)),2)
s=Text9(0)
CopyMemory ary(0),ByVal VarPtr(s),4
st=st&Right("00"+Hex(ary(3)),2)
st=st&Right("00"+Hex(ary(2)),2)
st=st&Right("00"+Hex(ary(1)),2)
st=st&Right("00"+Hex(ary(0)),2)
s=Text9(1)
CopyMemory ary(0),ByVal VarPtr(s),4
st=st&Right("00"+Hex(ary(3)),2)
st=st&Right("00"+Hex(ary(2)),2)
st=st&Right("00"+Hex(ary(1)),2)
st=st&Right("00"+Hex(ary(0)),2)
s=Text9(2)
CopyMemory ary(0),ByVal VarPtr(s),4
st=st&Right("00"+Hex(ary(3)),2)
st=st&Right("00"+Hex(ary(2)),2)
st=st&Right("00"+Hex(ary(1)),2)
st=st&Right("00"+Hex(ary(0)),2)
s=Text9(3)
CopyMemory ary(0),ByVal VarPtr(s),4
st=st&Right("00"+Hex(ary(3)),2)
st=st&Right("00"+Hex(ary(2)),2)
st=st&Right("00"+Hex(ary(1)),2)
st=st&Right("00"+Hex(ary(0)),2)
```

```
        Call
Modbus_send_writereg(MS_ALGORITHMSETWR,Val(Text1.Text),bufx,Len(st)/4,
Len(st)/2,3000,st)
            Form1.Enabled=True
    End Sub
```

**6. 读取按钮。**

采用 CommandButton 控件,建立 Command7 对象。在 Command7_
Click()事件中编写处理程序,发送读取 DDC 控制器算法模块指令,取得
数据后,在 Text12 中显示。

**7. 算法列表**

采用 TextBox 控件,建立 Text12 对象,显示读取的算法模块。

# 6.6　Modbus 调试菜单与功能设计

Modbus 调试菜单用于 Modbus 总线控制器的监控。可以完成总线
控制的模拟量、开关量数据读取,以及开关量输出控制。该界面还能够实
时监测发出和接收到的 Modbus 帧,并通过文本形式显示,供用户进行总
线通信的底层调试。

## 6.6.1　界面菜单设计

Modbus 调试菜单界面设计如图 6-8 所示。

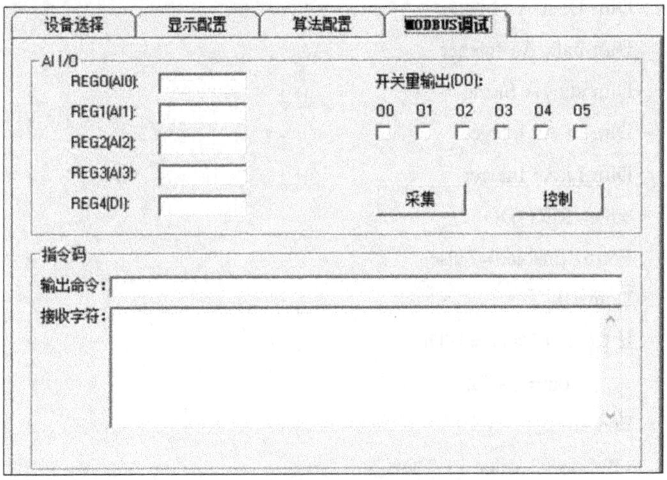

图 6-8　Modbus 调试菜单界面设计

Modbus 调试菜单界面主要组成为：

（1）参数输入模块：开关量输出设置。通过单击开关量输出选择框，设置开关量输出。

（2）控制输入模块：采集按钮、控制按钮。采集按钮向总线上指定地址 DDC 控制器发出数据采集指令，收到应答数据后，在 AI I/O 显示区中显示 DDC 控制器采集到的模拟量、开关量数据。控制按钮将用户设置的开关量输出数据通过总线下发，指定 DDC 控制器收到后根据数值控制开关量输出。

（3）文本输出模块：AI I/O 显示、指令码显示。用于显示采集按钮、控制按钮单击后，发出或接收到的 Modbus 帧。

## 6.6.2　功能设计与实现

### 1. 开关量输出设置

采用 CheckBox 控件，建立 Check1、Check2、Check3、Check4、Check5、Check6 对象，用于记录用户的点选操作。

### 2. 采集按钮＋

采用 CommandButton 控件，建立 Command1 对象。在 Command1_Click()事件中编写处理程序，完成采集指令发出。

### 3. 控制按钮

采用 CommandButton 控件，建立 Command10 对象。在 Command10_Click()事件中编写处理程序，完成控制指令发出。程序如下：

```
Dim Dout As Integer
Dim bufx As Integer
Dim st,t As String
Dim m As Integer
Dim i,j As Integer
bufx = REG_DO
Form1.Enabled = False
Dout = 0
If Check1.Value = 1 Then
    Dout = 1 * 32
End If
  If Check2.Value = 1 Then
        Dout = Dout+1 * 16
End If
```

```
        If Check3.Value=1 Then
            Dout=Dout+1 * 8
        End If
        If Check4.Value=1 Then
            Dout=Dout+1 * 4
        End If
        If Check5.Value=1 Then
            Dout=Dout+1 * 2
        End If
        If Check6.Value=1 Then
            Dout=Dout+1
        End If
        st=Right("000"+Hex$(Dout),4)
        Call
Modbus_send_writereg(MS_CONTROL,Val(Text1.Text),bufx,Len(st)/4,Len(st)/
2,3000,st)
        Form1.Enabled=True
```

#### 4. 文本输出模块

采用 TextBox 控件,建立 Text5、Text6 对象,显示接收或发出的 Modbus 帧。

#### 5. 读 modbus 函数

```
Function Modbus_send_readreg(ByVal G_modbussendID As
Integer,ByVal

modbusaddress As Integer,ByVal startaddr As Integer,ByVal readregnum As Integer,
ByVal overtime As Integer,ByVal WRstring As String)
        Dim p,q As Integer
        Dim resultinf_doing,resultinf_success,resultinf_fault As String
        Dim cmd As Integer
        Dim st1,st As String

        Static ErrorTimes As Long
        Static dat As String
        Dim ReceiveString As String
        Dim i,j As Integer
        Dim FrameExistFlag As Boolean
        Dim LRC_Test As String
        Dim temp As Long
```

```
                    Dim Dout As Integer
                    Dim ary(3)As Byte
                    Dim s As Single

                    Modbus_send_readreg=0

                    Select Case G_modbussendID
                        Case MS_DECTECTDEVICE
                            resultinf_doing="正在检测设备..."
                            resultinf_success="检测到 S7521 设备！"
                            resultinf_fault="没有检测到设备！"
                            st=""
                            cmd=READ_HLD_REG

                        Case MS_SEARCHDEVICE
                            resultinf_doing="正在搜寻设备"&str(modbusaddress)&"..."
                            resultinf_success="成功！"
                            resultinf_fault="失败！"
                            st=""
                            cmd=READ_HLD_REG

                        Case MS_DISPBUFSETRD
                            resultinf_doing="正在读显示区配置信息..."
                            resultinf_success="读显示区配置信息成功！"
                            resultinf_fault="读显示区配置信息失败！"
                            st=""
                            cmd=READ_HLD_REG

                        Case MS_ALGORITHMSETRD
                            resultinf_doing="正在读取算法区配置信息..."
                            resultinf_success="读算法配置信息成功！"
                            resultinf_fault="读算法配置信息失败！"
                            st=""
                            cmd=READ_HLD_REG

                        Case MS_ACQ
                            resultinf_doing="正在读取采集数据..."
                            resultinf_success="读采集数据成功！"
```

```
            resultinf_fault="读采集数据失败!"
            st=""
            cmd=READ_HLD_REG
        Case MS_AUTOACQ
            resultinf_doing="巡检…"
            resultinf_success="通讯正常!"
            resultinf_fault=""
            st=""
            cmd=READ_HLD_REG


    End Select


    p=modbusaddress+READ_HLD_REG
    q=startaddr\256+(startaddr-(startaddr\256)*256)
    p=p+q
    q=readregnum\256+(readregnum-(readregnum\256)*256)
    p=p+q
    p=Val("&H"+Right("00"+Hex$(p),2))
    p=-p


    '发出指令
    LRC=Right("00"+Hex$(p),2)
    cmdstring=":"+Right("00"+Hex$(modbusaddress),2)+Right("00"+Hex$
(cmd),2)+Right("000"&Hex$(startaddr),4)&Right("000"&Hex$(readregnum),4)+
st+LRC+Chr$(13)+Chr$(10)
    Text5.Text=cmdstring


    With Comm1
        If.PortOpen=False Then
            If MsgBox("打开端口错误!",vbOKOnly+vbCritical,"错误提
示")=vbOK Then
                Exit Function
            End If
        End If
    End With


    Comm1.Output=Text5.Text
    Timer1.Enabled=True
```

```
StatusBar1.Panels.Item(1) = resultinf_doing


'插入定时软件
Sleep(overtime)



'接收指令
'1 合成字符串
ReceiveString = Comm1.Input
Text6.Text = Text6.Text&ReceiveString
dat = ReceiveString


j = Len(dat)
If j>500 Then
    dat = ""
    ErrorTimes = ErrorTimes+1
    Text2.Text = ErrorTimes
    StatusBar1.Panels.Item(1) = resultinf_fault
    Exit Function
End If


'2 取出可能的 MODBUS 帧
FrameExistFlag = False
For i=1 To j
    If Mid(dat,i,1) = vbLf Then
        FrameExistFlag = True
        st = Mid(dat,1,i)
        dat = Right(dat,j-i)
        Exit For
    End If
Next i


If FrameExistFlag = False Then
    StatusBar1.Panels.Item(1) = resultinf_fault
    Exit Function
End If
```

```
'3 出现 VBCR 标志,开始校验帧
If Len(st)<4 Then
    ErrorTimes=ErrorTimes+1
    Text2.Text=ErrorTimes
    StatusBar1.Panels.Item(1)=resultinf_fault
    Exit Function
End If


'4 LRC check
j=(Len(st)-5)/2-1
For i=0 To j
    temp=temp-Val("&H"+Mid(st,2+2*i,2))
Next i


LRC_Test=Right("00"+Hex$(temp),2)
If(LRC_Test<>Mid(st,Len(st)-3,2))Then
    ErrorTimes=ErrorTimes+1
    Text2.Text=ErrorTimes
    StatusBar1.Panels.Item(1)=resultinf_fault Exit
    Function
End If


If              Left(st,1)<>":"Then
    ErrorTimes=ErrorTimes+1
    Text2.Text=ErrorTimes
    StatusBar1.Panels.Item(1)=resultinf_fault
    Exit Function
End If


If         Right(st,1)<>vbLf          Then
    ErrorTimes=ErrorTimes+1
    Text2.Text=ErrorTimes
    StatusBar1.Panels.Item(1)=resultinf_fault
    Exit Function
End If
If       Mid(st,Len(st)-1,1)<>vbCr       Then
    ErrorTimes=ErrorTimes+1
    Text2.Text=ErrorTimes
    StatusBar1.Panels.Item(1)=resultinf_fault
```

```
                    Exit Function

            End If


            '5 检查地址,命令号
            If   Val( "&H"+Mid( st,2,2 ) ) <>modbusaddress      Then
                 ErrorTimes = ErrorTimes+1
                 Text2.Text = ErrorTimes
                 StatusBar1.Panels.Item( 1 ) = resultinf_fault
                 Exit Function
            End If
            If   Val( "&H"+Mid( st,4,2 ) ) <>READ_HLD_REG   Then
                 ErrorTimes = ErrorTimes+1
                 Text2.Text = ErrorTimes
                 StatusBar1.Panels.Item( 1 ) = resultinf_fault
                 Exit Function
            End If



            '6 解析数据并显示( 读多寄存器 READ_HLD_REG )
            Select Case G_modbussendID
                Case MS_DECTECTDEVICE
                      st1 = ""
                      For i = 8 To 17
                          st1 = st1+Chr( Val( "&H"+( Mid( st,i,2 ) ) ) )
                          i = i+1
                      Next i
                      If st1 = "S7521"Then
                          Modbus_send_readreg = 1
                      End If

                Case MS_SEARCHDEVICE
                      Modbus_send_readreg = 1

                Case MS_DISPBUFSETRD
                      Modbus_send_readreg = 1


                      p = Len( st )
```

```
st = Mid( st ,8 ,236)
Combo6( 1) .ListIndex = Val( "&H"+Mid( st ,1 ,4) )
Combo6( 0) .ListIndex = Val( "&H"+Mid( st ,1+4 ,4) )
Combo6( 2) .ListIndex = Val( "&H"+Mid( st ,1+4 * 2 ,4) )
Combo6( 3) .ListIndex = Val( "&H"+Mid( st ,1+4 * 3 ,4) )

Text8.Text = ""
For i = 1+4 * 4 To 236 Step 4
    j = Val( "&H"+( Mid( st ,i ,4) ) )
    If j = &H0D Then' 遇到结束标志
        Exit For
    End If
    Text8.Text = Text8.Text&Chr( j)
Next i


Case MS_ACQ
    Modbus_send_readreg = 1
    p = Len( st)
    st = Mid( st ,8 ,36)

    For i = 0 To 3
        ary( 3) = "&H"+Mid( st ,1+8 * i ,2)
        ary( 2) = "&H"+Mid( st ,3+8 * i ,2)
        ary( 1) = "&H"+Mid( st ,5+8 * i ,2)
        ary( 0) = "&H"+Mid( st ,7+8 * i ,2)
        CopyMemory s ,ary( 0) ,4
        Text3( i) .Text = Format( s ,"######0.#######")
    Next i
    Text4.Text = Text3( 0) .Text
    Text7.Text = Text3( 1) .Text

    Text3( 4) .Text = Hex$ ( "&H"+( Mid( st ,33 ,2) ) )


Case MS_AUTOACQ
    Modbus_send_readreg = 1
    p = Len( st)
    st = Mid( st ,8 ,36)
```

```
                                For i = 0 To 3
                                    ary(3) = "&H"+Mid(st,1+8 * i,2)
                                    ary(2) = "&H"+Mid(st,3+8 * i,2)
                                    ary(1) = "&H"+Mid(st,5+8 * i,2)
                                    ary(0) = "&H"+Mid(st,7+8 * i,2)
                                    CopyMemory s,ary(0),4
                                    Text3(i).Text = Format(s,"######0.0")
                                Next i


                                Text4.Text = Text3(0).Text
                                Text7.Text = Text3(1).Text
                                Text3(4).Text = Hex $ ("&H"+(Mid(st,33,2)))If(Val("&H"
&Text3(4).Text) And 1) = 1 Then
                                    Text10.Text = "关闭"
                                    Text10.ForeColor = vbGreen
                                Else
                                    Text10.Text = "开启"
                                    Text10.ForeColor = vbRed
                                End If


                                If(Val("&H"&Text3(4).Text) And 2) = 2      Then
                                    Text11.Text = "关闭"
                                    Text11.ForeColor = vbGreen
                                Else
                                    Text11.Text = "开启"
                                    Text11.ForeColor = vbRed
                                End If


                            Case MS_ALGORITHMSETRD
                                p = Len(st)

                                Select Case Combo5.ListIndex
                                    Case 0
                                        Text12.Text = Text12.Text&"CH0:"
                                    Case 1
                                        Text12.Text = Text12.Text&"CH1:"
                                    Case 2
```

```
                Text12.Text=Text12.Text&"CH2:"
        Case 3
                Text12.Text=Text12.Text&"CH3:"
End Select


ary(3)="&H"+Mid(st,8,2)
ary(2)="&H"+Mid(st,8+2,2)
ary(1)="&H"+Mid(st,8+4,2)
ary(0)="&H"+Mid(st,8+6,2)
CopyMemory s,ary(0),4
Select Case s
        Case 1
                Text12.Text=Text12.Text&"信号:"&"电压"&","
        Case 2
                Text12.Text=Text12.Text&"信号:"&"电流"&","
End Select


ary(3)="&H"+Mid(st,8+8*1,2)
ary(2)="&H"+Mid(st,8+8*1+2,2)
ary(1)="&H"+Mid(st,8+8*1+4,2)
ary(0)="&H"+Mid(st,8+8*1+6,2)
CopyMemory s,ary(0),4
Text12.Text=Text12.Text&"算法:"&"F"&s&","


ary(3)="&H"+Mid(st,8+8*2,2)
ary(2)="&H"+Mid(st,8+8*2+2,2)
ary(1)="&H"+Mid(st,8+8*2+4,2)
ary(0)="&H"+Mid(st,8+8*2+6,2)
CopyMemory s,ary(0),4
If Abs(s)<1 And s<0 Then
    Text12.Text=Text12.Text&"K0="&"-0"&Abs(s)&","
ElseIf Abs(s)<1 And s>0 Then
    Text12.Text=Text12.Text&"K0="&"0"&Abs(s)&","
Else
    Text12.Text=Text12.Text&"K0="&s&","
End If


ary(3)="&H"+Mid(st,8+8*3,2)
```

```
ary(2)="&H"+Mid(st,8+8*3+2,2)
ary(1)="&H"+Mid(st,8+8*3+4,2)
ary(0)="&H"+Mid(st,8+8*3+6,2)
CopyMemory s,ary(0),4
If Abs(s)<1 And s<0 Then
    Text12.Text=Text12.Text&"K1="&"-0"&Abs(s)&","
ElseIf Abs(s)<1 And s>0 Then
    Text12.Text=Text12.Text&"K1="&"0"&Abs(s)&","
Else
    Text12.Text=Text12.Text&"K1="&s&","
End If


ary(3)="&H"+Mid(st,8+8*4,2)
ary(2)="&H"+Mid(st,8+8*4+2,2)
ary(1)="&H"+Mid(st,8+8*4+4,2)
ary(0)="&H"+Mid(st,8+8*4+6,2)
CopyMemory s,ary(0),4
If Abs(s)<1 And s<0 Then
    Text12.Text=Text12.Text&"K2="&"-0"&Abs(s)&","
ElseIf Abs(s)<1 And s>0 Then
    Text12.Text=Text12.Text&"K2="&"0"&Abs(s)&","
Else
    Text12.Text=Text12.Text&"K2="&s&","
End If


ary(3)="&H"+Mid(st,8+8*5,2)
ary(2)="&H"+Mid(st,8+8*5+2,2)
ary(1)="&H"+Mid(st,8+8*5+4,2)
ary(0)="&H"+Mid(st,8+8*5+6,2)
CopyMemory s,ary(0),4
If Abs(s)<1 And s<0 Then
    Text12.Text=Text12.Text&"K3="&"-0"&Abs(s)&vbCrLf
ElseIf Abs(s)<1 And s>0 Then
    Text12.Text=Text12.Text&"K3="&"0"&Abs(s)&vbCrLf
Else
    Text12.Text=Text12.Text&"K3="&s&vbCr
```

```
        Lf End If

        Modbus_send_readreg = 1
Case MS_ACQ

Case MS_CONTROL

End Select

StatusBar1.Panels.Item(1) = resultinf_success
End Function
```

# 参考文献

[1]  杨更更.Modbus 软件开发实战指南.2 版.北京:清华大学出版社,2021.

[2]  潘志铭,等.51 单片机快速入门教程(卓越工程师培养系列).北京:清华大学出版社,2023.

[3]  蔡杏山.51 单片机 C 语言编程从入门到精通.北京:化学工业出版社,2020.

[4]  Sun C Q,Liu G Y,Xu Z X,et al.Design of Cloud－based IoT Gateway for CAN Bus to Modbus RTU Integration,2022 China Automation Congress(CAC),2022.

[5]  Li X R,Meng F W,Zheng X.Automatic Control System of Sluice Based on PLC,MCGS and MODBUS Communication,2021 7th Annual International Conference on Network and Information Systems for Computers(ICNISC),2021.

[6]  Chen C H,Chang W L,Hsieh M Y.Intelligent Industrial Controller Network Based on Modbus Fieldbus,2022 18th IEEE/ASME International Conference on Mechatronic and Embedded Systems and Applications(MESA),2022.

[7]  Su Y,Jin H,Wu X,et al.Research on Modbus Bus Protocol Implementation Technology Based on Single Chip Microcomputer,2018 3rd International Conference on Information Systems Engineering(ICISE),2018.

[8]  Yan L H,Hang J X.The Design of Intelligent Automatic－Door Based on AT89S52,2016 International Conference on Robots & Intelligent System(ICRIS),2016.

［9］　张辉.VISUAL BASIC 串口通信及编程实例 .北京:化学工业出版社,2016.

［10］　邵明.Visual Basic 程序设计基础.北京:电子工业出版社,2020.

［11］　宋雪松.手把手教你学 51 单片机——C 语言版.2 版.北京:清华大学出版社,2020.